油田设备技术问答丛书

井下设备技术问答

郑文清 刘连武 编著

中国石化出版社

内 容 提 要

本书介绍了修井机、酸化压裂设备、游动系统、旋转设备、地锚车、锅炉车、压风车的结构、原理及使用和维护。理论与实践相结合，实用性与先进性相结合，针对性与创新性相结合。内容丰富，图文并茂。

本书可作为现场从事井下设备操作人员的学习用书，亦可作为大中专院校师生及现场技术人员的参考用书。

图书在版编目(CIP)数据

井下设备技术问题 / 郑文清，刘连武编著. —北京：中国石化出版社，2013.1
（油田设备技术问答丛书）
ISBN 978 – 7 – 5114 – 1793 – 0

Ⅰ. ①井… Ⅱ. ①郑… ②刘… Ⅲ. ①油气开采设备 – 井下设备 – 问题解答 Ⅳ. ①TE931 – 44

中国版本图书馆 CIP 数据核字（2012）第 272665 号

未经本社书面授权，本书任何部分不得被复制、抄袭，或者以任何形式或任何方式传播。版权所有，侵权必究。

中国石化出版社出版发行

地址：北京市东城区安定门外大街 58 号
邮编：100011　电话：(010)84271850
读者服务部电话：(010)84289974
http://www.sinopec-press.com
E-mail:press@sinopec.com
北京柏力行彩印有限公司印刷
全国各地新华书店经销

*

850×1168 毫米 32 开本 8.125 印张 197 千字
2013 年 1 月第 1 版　2013 年 1 月第 1 次印刷
定价：24.00 元

前　言

随着机械制造水平的不断提高，井下作业设备各项性能在不断地提高和完善，为油田的稳产和产量提高提供了有力的保障。本书是为设备操作人员编写的技术问答，根据笔者多年的工作经验，书中选取了井下施工常用的主要设备，用简练通俗的语言，从实用、通用的角度，叙述设备的结构、工作原理、使用要求、维护和保养要求等知识。本书在编写过程中，突出前瞻性、先进性和创新性，尽可能地反映当代科技发展的新水平、新动向、新知识、新理论和新工艺、新材料、新设备。

全书共分四章，全面介绍修井机、酸化压裂设备、游动系统、旋转设备、地锚车、锅炉车、压风车的结构、原理及使用和维护。

参加编写的人员有：郑文清（第一章，第二章），刘连武（第三章、第四章）。全书由郑文清统稿、定稿。

本书在编写过程中参考了大量文献、论文资料，其中的一部分在参考文献中列出，在此对这些作者和未被列出的文献作者表示深切的谢意。

本书可作为现场从事井下作业设备操作人员的学习用书，亦可作为大中专院校师生和现场技术人员参考用书。

由于作者的水平有限，书中难免有不妥之处，请广大读者给予批评指正。

目 录

第一章 修井机 …………………………………… (1)

第一节 修井机介绍 …………………………… (1)

1. 什么是井下作业? …………………………… (1)
2. 修井作业类型有哪些? ……………………… (1)
3. 什么是修井机? ……………………………… (2)
4. 井下作业要求修井机具备哪些能力? ……… (2)
5. 修井机由哪几部分组成? …………………… (2)
6. 通常将修井机分为哪几类? ………………… (3)
7. 修井机型号如何表示? ……………………… (4)
8. 修井机的基本参数有哪些? ………………… (5)
9. 最大钩载如何计算? ………………………… (6)
10. 最大快绳拉力如何计算? …………………… (7)
11. 确定修井机井架高度考虑哪些因素? ……… (7)
12. 如何确定修井机的最高起升速度? ………… (8)
13. 如何确定修井机的起升挡数? ……………… (8)

第二节 XT-12通井机 …………………………… (8)

14. 通井机优点有哪些? ………………………… (8)
15. XT-12通井机行走设备的结构及传动如何? … (9)
16. 修井机传动系统的作用是什么? …………… (9)
17. 修井机总离合器的功用是什么?对总离合器的使用有什么要求? …………………………… (9)
18. XT-12通井机主离合器由哪些部件组成? … (10)
19. 修井机离合器的种类有哪些? ……………… (10)
20. XT-12通井机变速箱的结构和工作原理是什么? ……………………………………………… (11)

1

21. XT-12通井机后桥结构如何？……………………（12）
22. XT-12通井机的转向原理是什么？………………（13）
23. XT-12通井机行走系统结构及工作原理是
    什么？………………………………………………（14）
24. XT-12通井机的气动系统作用原理是什么？……（15）
25. XT-12通井机的供气机构由哪些部件组成？……（15）
26. XT-12通井机指令机构由哪些部件组成？………（16）
27. 什么是气控系统的执行机构？……………………（16）
28. 气控系统的中间机构由哪些部件组成？…………（16）
29. 修井工艺对修井机绞车的要求有哪些？…………（17）
30. XT-12绞车传动系统结构及工作过程是
    什么？………………………………………………（17）
31. XT-12通井机各挡转速与快绳拉力关系
    如何？………………………………………………（18）
32. XT-12通井机绞车变速箱的结构特点是
    什么？………………………………………………（19）
33. XT-12通井机滚筒的结构及作用原理是
    什么？………………………………………………（19）
34. XT-12通井机刹车的结构特点是什么？…………（20）
35. XT-12通井机刹车的原理是什么？………………（20）
36. XT-12通井机滚筒离合器的结构特点是
    什么？………………………………………………（21）
37. 如何调整XT-12通井机的刹车机构？……………（21）
38. 如何正确使用XT-12绞车？………………………（22）
39. 如何正确使用XT-12绞车离合器？………………（23）
40. 如何处理XT-12通井机使用时挂挡困难
    问题？………………………………………………（24）
41. 如何处理XT-12通井机使用中摘挡困难
    问题？………………………………………………（24）

42. 如何处理XT-12通井机使用中变速箱响声异常、过热(超过周围空气温度60℃)问题？……（24）

第三节 修井机的动力 ……………………………（25）

43. 修井机由哪些系统组成？ ………………………（25）
44. 修井机的动力机主要有哪些型号？ ……………（25）
45. 柴油机由哪几部分组成？各部分的作用是什么？ …………………………………………（25）
46. 柴油机发生故障后有哪些异常现象？ …………（27）
47. 柴油机故障判断和排除的原则是什么？ ………（28）
48. 判断柴油机故障的主要方法有哪些？ …………（28）
49. 空压机系统的故障有哪些？如何排除？ ………（29）
50. 发电机充电系统的故障有哪些？如何排除？ …（31）
51. 冷却系统的故障有哪些？如何排除？ …………（32）
52. 启动系统的故障有哪些？如何排除？ …………（35）
53. 发动机异响的原因有哪些？如何排除？ ………（39）
54. 发动机动力不足的原因及排除方法是什么？ …（41）
55. 发动机怠速不稳的原因及排除方法是什么？ …（43）
56. 燃油系统的故障有哪些？如何排除？ …………（43）
57. 进气系统常见故障有哪些？如何排除？ ………（45）
58. 润滑系统常见故障有哪些？如何排除？ ………（46）
59. 排放系统常见的故障有哪些？如何处理？ ……（48）
60. 柴油机技术保养的作用是什么？ ………………（50）
61. 柴油机例行保养的具体内容有哪些？ …………（50）
62. 柴油机一级保养的具体内容有哪些？ …………（51）
63. 柴油机二级保养的具体内容有哪些？ …………（51）
64. 柴油机三级保养的具体内容有哪些？ …………（52）

第四节 修井机的传动系统 ……………………（53）

65. 修井机传动系统的传动原理是什么？ …………（53）
66. 液力变速器的组成及特点是什么？ ……………（53）
67. 液力变矩器由哪些零部件组成？ ………………（54）

68. 液力变矩器的工作原理是什么？……………………（55）
69. 单向离合器的作用及工作原理是什么？…………（56）
70. 行星齿轮机构的作用是什么？……………………（57）
71. 行星齿轮组的结构及工作原理是什么？…………（57）
72. 行星齿轮机构中离合器的作用及工作原理是什么？……………………………………………………（58）
73. 行星齿轮机构中制动器的作用及工作原理是什么？……………………………………………………（59）
74. 油泵的结构、工作原理是什么？…………………（60）
75. 液压系统的组成和作用是什么？…………………（61）
76. 修井机液力变速器传动部分由哪些部件组成？作用是什么？………………………………………（62）
77. 修井机液力变速器液压控制系统由哪些部件组成？作用是什么？…………………………………（63）
78. XJ90修井机用液力变速器的结构与工作原理是什么？………………………………………………（64）
79. 液力变速器使用时如何检查油位和油温？………（66）
80. 液力变速器使用时如何检查压力？压力如何调节？………………………………………………（66）
81. 液力变速器使用时换挡、运转过程中应检查哪些内容？………………………………………………（67）
82. 液力变速器定期维护检查的内容有哪些？………（67）
83. 液力变速器常见故障及排除方法有哪些？………（68）
84. 角传动箱的作用及结构是什么？…………………（69）
85. 角传动箱常见故障及排除方法是什么？…………（71）

第五节 修井机绞车………………………………………（71）

86. 绞车由哪些部件组成？其主要作用是什么？……（71）
87. 主滚筒总成的结构如何？…………………………（71）
88. 推盘离合器的结构和作用原理是什么？…………（72）
89. 刹车的结构及作用原理是什么？…………………（72）

90. 刹车毂冷却装置的作用原理是什么？·············（73）
91. 防碰天车机构的工作原理是什么？·············（74）
92. 绞车辅助刹车的结构及工作原理是什么？·······（74）
93. 绞车的工作原理是什么？·····················（76）
94. 合格绞车应满足哪些基本条件？···············（76）
95. 绞车使用前应做哪些检查？···················（77）
96. 司钻操作刹把必须遵守的操作规程是什么？·····（77）
97. 如何进行起下钻操作？·······················（78）
98. 修井机绞车刹车活端在使用中应保持什么样的位置？···（78）
99. 修井机绞车刹车死端在使用中应保持什么样的位置？···（79）
100. 如何调整刹带间隙？························（80）
101. 刹车装置如何进行维护、保养？··············（80）
102. 绞车润滑应注意哪些问题？··················（80）
103. 绞车日常维护保养的内容有哪些？············（81）
104. 绞车日常检查保养的内容有哪些？············（82）
105. 刹把在使用过程中易出现哪些问题？如何解决？···（82）
106. 滚筒刹车易出现的故障有哪些？如何排除？·····（83）
107. 滚筒离合器易出现的故障有哪些？如何排除？··（84）
108. 绞车易出现的故障有哪些？如何排除？········（84）
109. 绞车链传动装置易出现的故障有哪些？如何排除？···（85）

第六节　液压系统、气路系统、电路···············（86）
110. 修井机液压系统主要由哪些部件组成？········（86）
111. 修井机液压系统的工作过程是什么？··········（86）
112. 修井机液压系统日常检查维护的内容？········（86）
113. 液压系统常见故障有哪些？如何排除？········（88）

114. 修井机气路系统主要有哪些部件组成？…………（89）
115. 气路系统的工作过程如何？………………………（89）
116. 气路系统的检查、维护保养的内容有哪些？……（90）
117. 修井机电气部分如何布局？………………………（90）
118. 电气系统维护保养的内容有哪些？………………（91）
119. 电气系统使用过程中应注意哪些问题？…………（91）

第七节 井架及修井机的使用 ……………………（92）

120. 起升系统有哪些部件组成？系统的作用是什么？……………………………………………（92）
121. 井架的作用是什么？主要技术参数有哪些？……（92）
122. 井架的类型有哪些？………………………………（92）
123. 修井机常用井架的结构是什么？…………………（93）
124. BJ-18和BJ-29井架结构技术规范是什么？……………………………………………………（94）
125. 如何制作井架的基础？……………………………（94）
126. 井架对地基有何要求？……………………………（95）
127. 作业施工使用井架的要求是什么？………………（95）
128. 修井机对作业井场的要求是什么？………………（96）
129. 修井机整机在作业井场安装如何进行？…………（96）
130. 修井机井架起升前应做哪些调整和检查？………（96）
131. 修井机立放井架的质量要求是什么？……………（97）
132. 修井机立放井架有哪些安全要求？………………（97）
133. 如何正确使用修井机？……………………………（99）

第二章 游动系统和旋转设备 ………………………（100）

第一节 游动系统 …………………………………（100）

1. 天车的作用是什么？游动系统的有效绳数如何计算？……………………………………………（100）
2. 单轴天车的结构如何？……………………………（100）
3. 多轴天车的结构如何？……………………………（101）
4. 天车的技术规范有哪些？…………………………（102）

5. 天车在使用过程中常见故障及排除方法是
   什么？……………………………………………… (102)
6. 游动滑车由哪些部件组成？…………………… (103)
7. 游动滑车在使用过程中应注意哪些问题？…… (103)
8. 大钩由哪些部件组成？………………………… (104)
9. 大钩的使用要求有哪些？……………………… (105)
10. 游车大钩在使用过程中易出现哪些故障？如何
    排除？…………………………………………… (106)
11. 钢丝绳的结构如何？…………………………… (107)
12. 修井常用钢丝绳的类型有哪些？……………… (107)
13. 钢丝绳使用时有哪些要求？…………………… (108)

第二节 转盘 ……………………………………… (109)
14. 转盘的作用是什么？…………………………… (109)
15. 修井常用转盘的主要技术参数有哪些？……… (109)
16. 转盘的结构及工作原理是什么？……………… (110)
17. 转盘使用维护和保养的内容有哪些？………… (112)
18. 转盘在使用过程中常见的故障有哪些？如何
    排除？…………………………………………… (112)

第三节 水龙头 …………………………………… (113)
19. 水龙头的作用是什么？修井对水龙头的要求是
    什么？…………………………………………… (113)
20. 水龙头由哪些部件组成？……………………… (114)
21. SL-70型水龙头固定部分结构及工作原理是
    什么？…………………………………………… (114)
22. SL-70型水龙头旋转部分结构及工作原理是
    什么？…………………………………………… (115)
23. SL-70型水龙头密封部分结构及工作原理是
    什么？…………………………………………… (116)
24. 如何做到合理的使用水龙头？………………… (116)
25. 水龙头有哪些常见故障？如何排除？………… (117)

第三章 压裂车和水泥车 (118)

第一节 往复泵的原理 (118)
1. 往复泵在井下作业中有哪些应用? (118)
2. 往复泵的结构是什么? (118)
3. 往复泵的工作原理是什么? (119)
4. 往复泵是如何分类的? (120)
5. 往复泵有哪几种典型结构? (120)
6. 往复泵的基本性能参数有哪些? (121)
7. 往复泵的特点是什么? (122)
8. 往复泵如何调节流量? (122)
9. 往复泵的并联运行表现的外部特征是什么? (123)

第二节 往复泵的典型结构 (124)
10. 往复泵的液力端由哪些部件组成? (124)
11. 直通式卧式三缸单作用柱塞泵液力端的结构及特点如何? (125)
12. 直角式卧式三缸单作用柱塞泵的液力端的结构及特点如何? (126)
13. 阶梯式卧式三缸单作用柱塞泵的液力端的结构及特点如何? (126)
14. 双缸双作用活塞泵的液力端结构如何? (127)
15. 三缸单作用活塞泵液力端的结构如何? (128)
16. 双缸双作用活塞泵的动力端结构如何? (130)
17. 三缸单作用泵的动力端由哪些部件组成? (130)
18. 活塞泵的结构及原理是什么? (131)
19. 柱塞泵的结构及原理是什么? (132)

第三节 往复泵易损件及配件 (132)
20. 往复泵的活塞-缸套总成的结构如何? (132)
21. 单作用泵的活塞结构如何? (133)
22. 往复泵液缸体的结构如何? (134)
23. 柱塞由哪几部分组成? (134)

24. 为什么说柱塞及密封是易损件? ………… (134)
25. 柱塞的密封结构型式有哪几种? ………… (135)
26. 自封式密封装置由哪些部件组成? ………… (136)
27. 往复泵连杆的结构如何? ………… (137)
28. 十字头的作用是什么? 由哪些零件组成? ……… (138)
29. 泵阀的作用是什么? 球阀和平板阀的结构如何? ………………………………………………… (139)
30. 盘状锥阀结构如何? ………… (139)
31. 如何提高泵阀的寿命? ………… (140)
32. 空气包的作用是什么? ………… (141)
33. 空气包的结构如何? ………… (142)
34. 空气包的工作原理是什么? ………… (143)
35. 如何正确使用空气包? ………… (143)
36. 如何正确维护保养往复泵? ………… (143)

第四节 水泥车及压裂车常用的阀 ………… (144)
37. 低压旋塞阀的结构和原理是什么? ………… (144)
38. 蝶阀的结构和原理是什么? ………… (145)
39. 高压旋塞阀的结构和原理是什么? ………… (146)
40. 高压放空阀的结构及工作原理是什么? ……… (147)
41. 安全阀作用是什么? 结构和工作原理如何? …… (148)

第五节 洗井车和水泥车 ………… (149)
42. 洗井车的作用是什么? ………… (149)
43. 洗井车主要由哪些部件组成? ………… (149)
44. JHX5252TJC 型洗井车水处理设备由哪些部件组成? 作用是什么? ………… (150)
45. JHX5252TJC 型洗井车的工作原理及主要技术参数是什么? ………… (151)
46. 水泥车的作用是什么? ………… (151)
47. SNC-400Ⅱ型水泥车结构如何? ………… (151)
48. SNC-400Ⅱ型水泥车的工作过程是什么? ……… (152)

49. CPT986 水泥泵结构如何？动力端由哪些部件组成？ ……………………………………………………… (152)
50. CPT986 水泥泵液力端结构特点是什么？ ………… (154)
51. CPT986 水泥泵润滑系统的结构特点是什么？ …… (154)
52. 水泥车用水泵的作用是什么？ ……………………… (154)
53. 4×5RA45 型离心泵的结构如何？ ………………… (155)
54. SNC35-16Ⅱ水泥车离心泵的结构如何？ ………… (156)
55. 施工过程中如何操作离心泵？ ……………………… (156)
56. 水泥车的技术规范包括哪些内容？ ………………… (157)
57. 水泥车作业前应做哪些检查和准备？ ……………… (157)
58. 如何启动车台发动机和柱塞泵？ …………………… (158)
59. 如何根据施工要求操作往复泵？ …………………… (160)
60. 施工完工后应做哪些检查？检查的要求是什么？ ……………………………………………………… (161)
61. 水泥车使用过程中应注意哪些问题？ ……………… (162)
62. 如何分析、判断水泥车柱塞泵的故障？ …………… (162)
63. 水泥泵液力端(泵头)常见故障及排除方法是什么？ ……………………………………………………… (163)
64. 水泥泵动力端常见故障及排除方法是什么？ ……… (164)
65. 往复泵每天保养的内容有哪些？ …………………… (165)
66. 往复泵每周的维护保养内容有哪些？ ……………… (166)
67. 往复泵每月的维护保养内容有哪些？ ……………… (166)

第六节　压裂车 ……………………………………… (166)
68. 压裂设备的作用是什么？ …………………………… (166)
69. 压裂车由哪些部件组成？ …………………………… (167)
70. YLC—1050 型压裂车的结构特点是什么？ ………… (168)
71. 压裂车的传动系统的传动原理是什么？ …………… (168)
72. 艾里逊 DP8962 传动箱的结构如何？ ……………… (169)
73. 艾里逊 DP8962 变速箱的特点是什么？ …………… (170)

74. 艾里逊 DP8962 变速箱的维护保养内容有
    哪些？ (170)
75. 压裂泵结构如何？ (171)
76. 佩斯梅克Ⅱ型柱塞泵的动力端的结构特点是
    什么？ (171)
77. 佩斯梅克Ⅱ型柱塞泵的液力端的结构特点是
    什么？ (172)
78. 什么是液动增压泵？ (173)
79. 作业时如何启动压裂车？ (174)
80. 施工时如何操作压裂车？ (175)
81. 如何停车？ (176)
82. 启动前检查的内容有哪些？ (177)
83. 启动后检查的内容有哪些？ (178)
84. 运行中的巡回检查的内容有哪些？ (178)
85. 压裂车台上设备日常维护及保养的内容有
    哪些？ (179)
86. 压裂车台上设备每工作 10 小时或每班检查、
    保养内容有哪些？ (180)
87. 压裂车每工作 50~80 小时或每周检查、保养
    内容有哪些？ (180)
88. 压裂车每工作 120~150 小时进行检查、保养
    内容有哪些？ (180)
89. 压裂车每工作 250~280 小时进行一级保养作业
    的内容有哪些？ (181)
90. 压裂车每工作 750~850 小时进行二级维护作业
    的内容有哪些？ (182)

第四章 修井用特车 (183)

第一节 混砂车 (183)

1. 混砂车的作用及工作过程是什么？ (183)
2. 混砂车由哪些部件组成？ (183)

3. 混砂车的传动系统结构如何？ ……………………… (184)
4. 输砂系统的作用是什么？什么是螺旋输砂
   方式？ …………………………………………………… (185)
5. 混砂车使用的螺旋输砂器的结构特点及要求
   是什么？ ………………………………………………… (186)
6. 什么是气力输砂方式？ ………………………………… (187)
7. 供液系统组成及工作原理是什么？ …………………… (188)
8. 什么是水力式混合？ …………………………………… (188)
9. 什么是机械式混合？ …………………………………… (189)
10. 机械式混砂罐的结构特点和原理是什么？ ………… (189)
11. 混砂车液压传动过程是什么？ ……………………… (190)
12. 混砂车液压传动原理是什么？ ……………………… (190)
13. 液压传动混砂车典型液压系统的组成及特点
    是什么？ ……………………………………………… (191)
14. 混砂车的技术规范有哪些？ ………………………… (192)
15. 混砂车施工前应做哪些准备工作？ ………………… (193)
16. 混砂车施工期间应注意哪些问题？ ………………… (194)
17. 施工后的检查程序是怎样的？ ……………………… (194)
18. 混砂车台上部分保养内容是什么？ ………………… (195)
19. 运砂车的作用和传动原理是什么？ ………………… (195)
20. 管汇车的作用是什么？ ……………………………… (196)
21. 仪表车的作用是什么？ ……………………………… (197)

第二节　液氮泵车 ……………………………………… (197)
22. 液氮车的作用是什么？ ……………………………… (197)
23. 液氮泵车的组成及工作过程是什么？ ……………… (197)
24. 液氮泵车三柱塞泵动力端的结构如何？ …………… (198)
25. 液氮泵车三柱塞泵冷端的结构特点是什么？ ……… (199)
26. 非直燃式液氮蒸发系统的工作原理是什么？ ……… (200)
27. 非直燃式液氮蒸发器的结构如何？ ………………… (201)
28. 液氮泵车液压系统的原理是什么？ ………………… (201)

29. 直燃式高压蒸发器的工作原理是什么？……………(202)
30. 直燃式蒸发器的结构及特点是什么？……………(203)
31. 直燃式蒸发器如何调节和控制？…………………(203)
32. 为什么要在低温高压泵前增设一个升压泵？……(204)
33. 液氮储存罐的结构特点是什么？…………………(205)
34. 如何保持液氮罐的低温？…………………………(206)
35. 高压泵常见故障有哪些？如何排除？……………(207)

第三节 锅炉（蒸汽）车 ………………………………(208)
36. 锅炉车的作用是什么？……………………………(208)
37. 锅炉车的结构及工作原理是什么？………………(208)
38. 锅炉车的变速箱结构如何？………………………(209)
39. 锅炉车上水水泵的结构及工作原理是什么？……(210)
40. 锅炉车锅炉结构如何？……………………………(210)
41. 锅炉的工作流程是怎样的？………………………(212)
42. 锅炉车供风系统的作用是什么？系统结构是怎样的？……………………………………………(212)
43. 锅炉供风系统的工作原理是什么？………………(212)
44. 柴油、水、蒸气管系统的作用是什么？对本系统有哪些要求？……………………………………(212)
45. 锅炉车水、蒸气系统工作流程是怎样的？………(213)
46. 锅炉车点火装置由哪几部分组成？各部分起何作用？……………………………………………(214)
47. 锅炉车点火装置的工作原理是怎样的？…………(214)
48. 锅炉车燃料系统工作流程是什么？………………(215)
49. 锅炉车使用前应做哪些检查？……………………(215)
50. 锅炉车的维护保养及润滑内容有哪些？…………(216)
51. 怎样清除锅炉盘管内壁水垢？……………………(216)
52. 水泵部分常见故障有哪些？如何排除？…………(217)
53. 油泵部分常见故障有哪些？如何排除？…………(217)
54. 锅炉部分常见故障有哪些？如何排除？…………(218)

55. 锅筒鼓包的原因是什么？如何处理？ ……………… (218)
56. 水管鼓包和爆破的原因是什么？如何处理？ …… (218)

第四节　地锚车 ………………………………………… (219)
57. 地锚车的作用是什么？ ………………………… (219)
58. 旋转式地锚车组成及工作原理是什么？ ……… (219)
59. 旋转式地锚车液压系统由哪些部件组成？工作原理是什么？ ……………………………………… (220)
60. 锤击式地锚车结构如何？ ……………………… (221)
61. 锤击式地锚车的工作原理是什么？ …………… (222)
62. 锤击式地锚车液压绞车的结构及工作原理是什么？ …………………………………………… (222)
63. 锤击式地锚车的液压系统控制过程如何？ …… (223)
64. 锤击式地锚车的钻进机构的工作原理是什么？ … (224)
65. 地锚车作业前应做哪些准备工作？ …………… (224)

第五节　压风车 ………………………………………… (225)
66. 压风车的作用是什么？ ………………………… (225)
67. 压风车的组成及技术规范是什么？ …………… (226)
68. 单级往复式压缩机的工作过程是什么？ ……… (226)
69. 多级往复式压缩机的工作原理是什么？ ……… (227)
70. 活塞式压缩机的总体结构如何？ ……………… (228)
71. 活塞式压缩机主要有哪些零部件？曲轴的结构特点是什么？ …………………………………… (229)
72. 活塞式压缩机连杆的结构特点是什么？ ……… (230)
73. 活塞、活塞环和机体的结构特点是什么？ …… (230)
74. 活塞式压缩机缸体和缸盖的结构特点是什么？ … (230)
75. 进、排气阀的结构特点是什么？ ……………… (231)
76. 压缩机的润滑如何？ …………………………… (232)
77. 油气分离器的作用是什么？分离方法有哪几类？ …………………………………………… (232)

78. 油气分离器按结构形式可分哪几种？每种工作原理是什么？ ………………………………………… (233)
79. 压风车所用油水分离器结构形式是怎样的？ ……… (234)
80. 空气机为什么要设置安全阀？怎样安装和使用？ ………………………………………………… (234)
81. 空压机常用的安全阀有哪种型式？其工作原理是怎样的？ ……………………………………… (234)
82. 压风车常用安全阀结构型式是怎样的？ ………… (235)
83. W-10/60 和 S-10/150 及 S-10/250 型空压机空气流程是怎样的？ …………………………… (235)
84. 怎样启动空压机？ ………………………………… (236)
85. 空压机工作时应注意哪些事项？ ………………… (237)
86. 压风车停车应怎样操作？ ………………………… (238)
87. 空压机定期维护的内容有哪些？ ………………… (238)
88. 空压机进行日常保养时一般应注意哪些问题？ … (239)

参考文献 ……………………………………………… (240)

第一章 修井机

第一节 修井机介绍

1. 什么是井下作业?

在油井自喷、抽油和注水过程中,由于地质、工程和人为等因素,常会有一些影响生产的情况发生,有时还会出现油水井或设备的故障,如:井下砂堵;井内严重结蜡、结盐、油层堵死;油层出砂、出水;油管、抽油杆弯曲、断裂,油管渗漏;抽油泵故障等,这些故障都可能造成减产或停产,必须对其进行维修、完善或排除故障的修井作业。

受钻井液等损害严重的油、气层或油气层原始发育不完善,渗透率低,常要进行水力压裂或酸化处理,以恢复和提高油层渗透率。

由于以上各项工作主要都是在井下进行,因此常常统称为井下作业。

2. 修井作业类型有哪些?

根据作业的性质和难度,通常将修井作业分为小修和大修。小修只进行一般性的修理工作和简单的故障处理,如洗井、检泵、解堵(捞砂或冲砂、清除蜡堵或蜡卡)、更换抽油杆和抽油管等;而处理套管变形、挤封串、侧钻、打捞、处理复杂的井下事故等则称为大修。

修井作业的方式归纳起来分为3大类。

(1)起下作业,如油管、抽油杆、深井泵等井下设备及工具的起下,以及抽汲、捞砂、机械清蜡的起下等。可以由通井机、轻型修井机等起下设备独立完成。

(2)液体循环、挤注作业,如冲砂、热洗、挤水泥及循环水泥、压裂酸化等。通常由冲洗设备如洗井机、水泥车、锅炉车等完成。

(3)旋转作业,如钻水泥塞、钻砂堵、扩孔、重钻、加深及修补套管等。

实际上,上述作业通常都需交叉或同时进行,简单的设备往往满足不了工艺要求,必须依赖配备有起升系统、旋转系统和循环系统的中型或重型修井设备,如修井机等。

3. 什么是修井机?

修井机是用来完成油田修井作业的专业机械,是油井维修作业中进行起下油管、钻杆、抽油杆、抽汲提捞、旋转钻具等修井作业的设备。习惯上把自带井架的井下作业设备称为修井机,不带井架(自装的轻便井架)的井下作业设备称为通井机。

4. 井下作业要求修井机具备哪些能力?

(1)起下钻具的能力,修井机的绞车应具有起重量和起升速度,以悬吊、起升管(杆)柱;

(2)循环冲洗能力,与水泥车及其他设备配合,能产生一定压力和排量的液体,满足洗井、冲砂、挤注、循环等井下施工;

(3)旋转钻进的能力,修井机驱动转盘,与水龙头等设备工具配合,能给井下钻具提供一定的转矩和转速,进行钻、磨、套、洗等作业;

(4)行走的能力,修井机应具有一定的机动行驶能力,能适应各种路面的行走,以应对井下作业时间短、搬迁频繁、越野性能强的特点;

(5)操作维修简便。现场要求修井机操作系统简单集中,便于记忆和操作;易损件位置设计合理,方便拆卸维修更换。

5. 修井机由哪几部分组成?

一套完整的修井机主要由八大部分组成。

(1) 起升系统：由绞车、井架、天车、游车大钩及钢丝绳等组成。

(2) 旋转系统：由转盘、水龙头和井下钻具等组成。

(3) 循环系统：主要由修井泵、地面管汇、立管、水龙带、修井液净化设备及井下钻具等组成。

(4) 动力设备：由柴油机或电动机等组成，为钻机的正常运转提供动力。

(5) 传动系统：又称联动机组，指的是动力机与工作机中间的各种传动设备机部件。传动方式一般是机械、电、气、液联合使用。大部分转盘修井机目前是机械传动为主，其他传动为辅的联合传动。

(6) 控制系统：较先进的修井机多以机械、电、气、液联合控制，也有用专用机械控制、气控制、液压控制、电控制的。机械控制设备有手柄、踏板、操纵杆等；气（液）动控制设备有气（液）元件、工作缸等；电控制设备有基本元件、变阻器、电阻器、继电器、微型控制器等。

(7) 修井机底座：主要由钻台底座、机泵底座以及主要辅助设备底座组成，一般采用型钢或管材焊接而成。

(8) 辅助设备：现代化的石油修井机还有一些辅助设备，如供电、供气、供水、供油防喷防火设施及各种仪表等以满足健康、安全、环保的要求。

6. 通常将修井机分为哪几类？

(1) 按大钩额定钩载和最大修井作业深度分类

轻型修井机：大钩额定钩载小于400kN，最大修井作业深度小于3000m。

中型修井机：大钩额定钩载大于400kN，小于800kN，最大修井作业深度大于3000m，小于6000m。

重型修井机：大钩额定钩载大于800kN，最大修井作业深度6000m。

(2) 按修井机运载方式分类

履带式拖拉机装：目前国产通井机多用此运载方式。

车装式：车装修井机根据承载底盘的不同，又可分为自走底盘修井机、汽车底盘修井机和牵引底盘修井机三类。

半拖挂车装：这种运载方式在重型深井修井机上有应用，但其最大弱点是机动性差，井口对中相当困难。

目前，车装修井机仍占有很大优势。履带式拖拉机装和拖车装这两种运载方式有逐渐被淘汰的趋势。

(3) 修井机按驱动方式分类

柴油机驱动液压传动。

柴油机驱动机械传动：传动可靠、效率高、可传递扭矩大，但结构庞大、劳动强度大。

柴油机驱动液力-机械传动：采用液力变矩器加行星齿轮传动箱的组合结构（即艾里逊传动方式），并利用液压控制，综合了上述两种传动的优点，这种传动方式工作可靠、传动平稳柔和、可实现过载保护、使用方便。虽然传动效率低于纯机械传动，但其无级变速的特点可使发动机经常处于最佳工作状态，所以其综合效率并不低于机械传动。近年来中小型修井机普遍采用了原来只用于大型修井机的液力-机械传动。

电驱动：随着石油钻机大量采用 AC-SCR-DC 和 AC-VFD-AC 电驱动方式，与传统的机械驱动相比，电驱动具有传动效率高，对负载的适应能力强，安装运移性好，处理事故能力及对机具的保护能力强，易于实现对转矩、速度、加减速度及位置的控制，易于实现钻井的自动化和智能化等诸多优越性能。因此，近年来国内外修井机生产厂商也研制生产了一些大型电驱修井机，并将成为今后大型修井机发展的方向。

7. 修井机型号如何表示？

根据 SY/T 5202—2004 的规定，修井机型号表示方法如下：

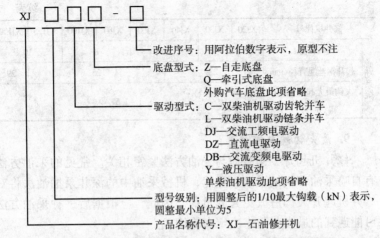

例如：最大钩载 1800kN，自走底盘，双柴油机，齿轮并车，第二次改型的修井机型号表示为 XJ180CZ-2。

8. 修井机的基本参数有哪些？

表示修井机基本性能的技术指标叫作基本参数，修井机的基本参数如表 1-1 所示。

表 1-1 修井机基本参数

	修井机代号		XJ20	XJ30	XJ40	XJ60	XJ80	XJ100	XJ125	XJ150
名义修井深度/m	小修深度	73mm 外加厚油管	1600	2600	3200	4000	5500	7000	8500	—
	名义大修深度	用 73mm 钻杆	—	—	2000	3200	4500	5800	7000	8000
		用 88.9mm 钻杆	—	—	2500	3500	4500	5500	6500	
		用 114.3mm 钻杆	—	—	—	—	3600	4200	5000	
最大钩载/kN			360	585	675	900	1125	1350	1575	1800
公称钩载/kN			200	300	400	600	800	1000	1250	1500
装机功率/kW			80/120	120/180	160/240	240/360	320/480	400/600	500/650	600/750
滚筒刹车毂（带刹车）	直径/mm		700			970，1070				
	宽度/mm		200			260，310				
井架高度/mm			16，18			16，18，21，29，31，32				

续表

	修井机代号	XJ20	XJ30	XJ40	XJ60	XJ80	XJ100	XJ125	XJ150
游动系统	有效绳数	4		6		8		10	
	起升钢丝绳直径/mm	22			26			29	
	大钩最大起升速度/(m/s)	1~1.5							

9. 最大钩载如何计算？

修井机起升大钩载荷与采油方法紧密相关。常见的采油方法有自喷采油和机械采油。显然，机械采油中的深井泵抽油法将对修井机起升大钩造成更大的负荷。因此，应根据后一种采油方法可能遇到的最大载荷来决定大钩钩载。

应用深井泵采油时，当管式泵的柱塞卡在泵筒中，或杆式泵泵筒卡在油管中时，必须将油管、抽油杆、管内液体一起提出。这时大钩上的载荷最大，应作为计算的依据。

（1）大钩公称钩载 Q_n

大钩公称钩载应包括油管、抽油杆、管内液体等全部重量，故

$$Q_n = (L_1 q_1 + L_2 \rho \frac{\pi D^2}{4} + L_3 q_3) g \times 10^{-3}$$

式中 Q_n——大钩公称钩载，kN；
　　L_1——油管下井深度，m；
　　q_1——油管单位长度的质量，kg/m；
　　L_2——油管内液柱高度，m；
　　ρ——原油密度，kg/m³；
　　D——油管内径，m；
　　L_3——抽油杆下井深度，m；
　　q_3——抽油杆单位长度的质量，kg/m；
　　g——重力加速度，m/s²。

（2）大钩最大钩载 Q_{max}

$$Q_{max} = k Q_n$$

式中 Q_{max}——大钩最大钩载,kN;
k——考虑动载等因素的安全系数,一般取 $k=1.5$。
在计算 Q_n 时忽略了原油的浮力作用。

10. 最大快绳拉力如何计算?

在最大载荷起升时,为

$$P_{max} = \frac{Q_{max}}{z\eta_{游}}$$

式中 P_{max}——最大快绳拉力,kN;
$\eta_{游}$——起升时游动系统效率;
z——有效绳数。
一般情况下可参照表1-2选取游动系统起升效率。

表1-2 游动系统起升效率

有效绳数 z	游动系统的起升效率
4	0.955
6	0.930
8	0.915
19	0.895

11. 确定修井机井架高度考虑哪些因素?

确定修井机井架高度主要考虑以下两方面的因素。

(1)起下油管柱(或抽油杆柱)的长度:油管一般长为10m左右,抽油杆最长不超过8m。如单根起下油管,再考虑游动系统长度和安全空间,则井架不能低于17m。如立柱起下,井架还要相应增高。

(2)车装的可能性:因为修井机一般是车装式,因而井架受车身长度及公路行驶车辆超长规定的限制。一般车身底盘长5m左右,而允许超长也不过10m左右,所以要采用分层折叠式或分段伸缩式井架,其每段长度不得超过车辆超长规定。

综合上述分析,修井机井架高度一般取17~25m为宜,近年来国内外大型修井机井架有的已超过30m。

12. 如何确定修井机的最高起升速度?

因修井作业用的井架高度较低,一般在20m左右,为了安全起见,修井机的最高起升速度一般不超过1m/s。但是修井机必须考虑强力抽汲采油作业要求,这时抽子上升速度应在3m/s以上。为此可考虑单设一个独立高挡,或使用双滚筒,其一为抽汲捞砂滚筒。

13. 如何确定修井机的起升挡数?

为了节省起升时间,充分利用设备功率,修井绞车应设多挡。综合考虑各种因素,一般设3~5个挡。轻型修井机偏少取,**重型修井机偏多取**。同时还应设1~2个倒挡,以满足打捞作业需要,并能将较轻的工具,如捞砂筒等迅速下入井中,以进行捞砂作业。

第二节 XT-12通井机

14. 通井机优点有哪些?

履带式修井机一般通称为通井机,其实是一种履带式自走型拖拉机经改装添加滚筒而成。常用的修井机型号有鞍山红旗拖拉机制造厂制造的AF-10型,青海拖拉机制造厂制造的XT-12型(图1-1),XT-15型等。由于履带式修井机具有购机成本低、性能稳定、操作简单、维修方便、越野性强,特别适用于低洼、泥泞地区施工等优点,所以在公称载荷小于400kN,3000m以内井的常规修井作业中,得到了广泛应用。

图1-1 XT-12型通井机外形图

15. XT-12通井机行走设备的结构及传动如何?

行走设备主要由离合器、变速箱、传动轴、万向节、驱动桥等组成,如图1-2所示。

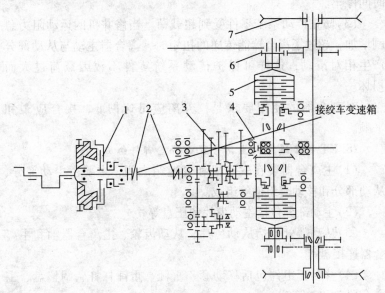

图1-2 XT-12型通井机传动系统
1—总离合器;2—联轴节;3—行驶变速箱;4—中央传动;
5—转向离合器;6—最终传动;7—驱动轮

16. 修井机传动系统的作用是什么?

其基本功能是将发动机发出的动力传给驱动车轮或绞车,使其具有增扭(增加扭矩)减速、变速、倒车、中断动力、轮间差速和轴间差速等功能,它的首要任务就是与发动机协同工作,以保证修井机能在不同使用条件下正常行驶或驱动绞车完成修井任务,并具有良好的动力性和燃油经济性。

17. 修井机总离合器的功用是什么?对总离合器的使用有什么要求?

总离合器位于发动机曲轴与传动系统的变速箱之间。它的功用是:

(1)使动力机曲轴与传动系统能平顺地接合,以保证修井机平稳地起步行驶或平稳地进行起下作业。

（2）使动力机曲轴与传动系统能迅速地彻底分离，以保证变速齿轮箱换挡时不产生冲击。离合器的分离，可实现修井机的短时间停车。

（3）防止传动系统零件受到超载荷。当修井机的运动阻力急剧增加，超过了离合器能传递的扭矩时，离合器主动与从动部分产生相对滑动，这样可保护传动系统零件不致因载荷过大而损坏。

对离合器的使用要求是：分离应迅速彻底，接合应柔和平顺。

18. XT－12通井机主离合器由哪些部件组成？

（1）主离合器装在发动机和变速箱之间，主要由主动部分、从动部分和移动套组件等组成。

（2）主动部分包括主动齿片和压盘等。

（3）从动部分包括从动齿片、从动齿轮、主离合器轴和主离合器连接盘等。

（4）移动套组件包括移动套、重锤、重锤杠杆、调整盘、主离合器盖和弹簧等。

19. 修井机离合器的种类有哪些？

修井机的离合器，因其作用原理不同可分为摩擦式和液力式两种。摩擦式离合器利用两个摩擦圆盘之间所产生的摩擦力来传递扭矩，它的结构简单、工作可靠，目前在多数通井机上应用广泛。液力式偶合器（由于它的主动部分和从动部分不能彻底分离，所以称偶合器是常接合式离合器）是利用液体作为工作介质来传递扭矩，它能柔和地传递扭矩，同时当修井机载荷突然增加时，也不会使动力机因骤然过载而熄火。

若按修井机的总离合器作用可分为：

（1）单作用式离合器，这种离合器只将动力直接传给变速箱，然后分别传给驱动轮和动力输出轴。

（2）双作用式离合器，这种离合器可将动力分别地传给变速箱(再传到驱动轮)和动力输出轴。

这种分类方法也可用下方框图表示：

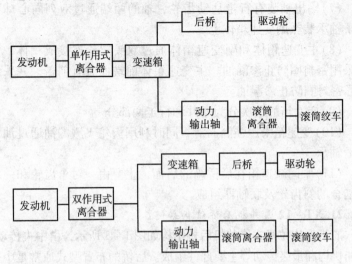

20. XT-12通井机变速箱的结构和工作原理是什么？

(1)变速箱由主、副变速箱体，主动轴，惰轮轴，中间轴，下轴，通井输出轴，行走输出轴，齿轮，啮合套及变速机构的拨叉室等组成。

(2)变速箱主动轴前端与离合器连接盘连接，行走输出轴末端齿轮与中央传动的大伞齿轮相啮合，通井输出轴与中间减速箱输入轴用花键套连接。

(3)主动轴上装有倒挡主动齿轮、低速主动齿轮、高速主动齿轮及啮合套，轴的两端通过双列向心球面滚子轴承和向心短圆柱滚子轴承，装在主变速箱体上。

(4)惰轮轴上装有惰轮，轴的两端通过双列向心球面滚子轴承和短圆柱滚子轴承装在主变速箱体上。

(5)变速箱中间装有二速主动齿轮、倒挡从动齿轮、三速主动齿轮、一速主动齿轮，轴子两端通过双列向心球面滚子轴承和短圆滚子轴承，装在主变速箱体上。

(6)下轴装有二速从动齿轮、三速双动齿轮、一速从动齿轮、通井主动齿、行走主动齿轮及三个啮合套。下轴通过双列向心球面滚子轴承、两个短圆柱滚子轴承装在主变速箱体和副变速箱体上。

（7）输出轴装有行走从动齿轮，轴的两端通过双列向心球面滚子轴承装在副变速箱体上。

（8）主变速箱体和副变速箱体通过双头螺栓连接成一体，中间采用密封圈防止渗漏油。主变速箱体前端面装有前盖，并采用O形密封圈防止渗漏油。

（9）变速箱的挡次分为通井和行走两部分。

（10）变速箱采用强制润滑，同时利用齿轮飞溅的油通过油沟润滑轴承。

（11）中间减速箱在后桥箱的后面，主要由一对伞齿轮和一对常啮合的斜齿轮及联轴器组成。

21. XT-12通井机后桥结构如何？

履带型拖拉机式修井机后桥结构如图1-3所示，由中央传动、转向机构和最终传动等主要部件组成。后桥的布置型式通常是中央传动和转向机构在同一壳体内，而最终传动靠近驱动轮处。

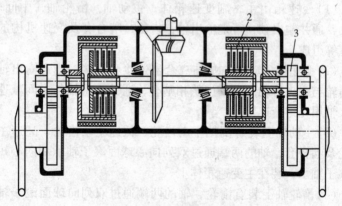

图1-3　履带型拖拉机式修井机后桥结构简图
1—中央传动；2—转向机构；3—最终传动

中央传动由一对圆锥齿轮组成，位于变速箱之后。它的作用是增扭减速和改变扭矩的传递方向（扭矩作用平面可改变90°）。

最终传动常由一对或几对传动比不大(一般2~4)的外啮合齿轮组成。它的作用是再进一步减速增扭,以满足修井机的使用要求。因为修井机在行驶时,需要将动力机的扭矩增大50~100多倍,驱动轮转速要比发动机转速小20多倍。

转向机构可称为转向离合器,是利用离合器结合时传递扭矩,分离时不传递扭矩的特点来实现转向。转向离合器处于中央传动之后,传递扭矩较大,所以一般都采用多片式的摩擦离合器。

22. XT-12通井机的转向原理是什么?

它是利用转向机构改变传到驱动轮的扭矩,使两侧履带只有不同的牵引力,从而使两边履带以不同的速度行驶实现转向。为了改变两侧驱动轮上的扭矩,在中央传动和左右驱动轮间各装有一个转向离合器,如图1-4所示。

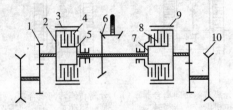

图1-4 履带修井机转向机构布置简图
1—最终传动主动齿轮;2—从动鼓;3、9—制动带;4、8—从动片;
5、7—主动鼓;6—中央传动齿轮;10—驱动轮

利用离合器结合时传递扭矩,分离时不传递扭矩的特点来实现转向,称为转向离合器。转向离合器处于中央传动之后,传递扭矩较大,所以一般都采用多片式的摩擦离合器。

当通井机的转向离合器接合时,由中央传动传来的扭矩通过转向离合器传给两侧驱动轮,此时通井机为直线行驶。当操作者将右侧转向离合器分离,切断传到右侧驱动轮的扭矩,右侧履带减速,通井机便向右转向,此时的转向半径仍然较大,如图1-5(a)所示,这是因为右边履带还被"带着走"的缘故。为了使通井机能沿较小的半径右转向,除了把右侧的转向离合器分离外,还应用右侧的制动器加以制动,右侧履带是和右制动器相连的,所

13

以右侧履带也被制动，这样就可以使修井机的转向半径减小。如继续踩下右侧制动器，使其完全制动（即右边履带被完全制住）时，此时修井机就以右侧履带为中心而转向，如图1-5(b)所示。这也是履带修井机的转向原理。

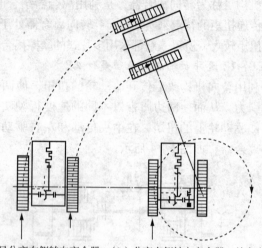

（a）只分离右侧转向离合器　（b）分离右侧转向离合器，并完全
　　　拖拉机沿较大半径转向　　　　制动驱动轮，拖拉机原地转向

图1-5　履带修井机转向原理示意图

23. XT-12通井机行走系统结构及工作原理是什么？

通井机的行走部分位于车架下面的左、右两侧，由左、右台车，两条履带和平衡梁组成。

(1)台车。每侧的台车由台车架、支重轮、托链轮、引导轮机缓冲装置组成。应先放出液压油，缩短胀紧油缸，打开履带，然后拆托链轮、引导轮、支重轮和驱动轮。

(2)支重轮既用来支承通井机的重量，同时又在履带的导轨上滚动，以保证通井机的行驶。支重轮分单边支重轮和双边支重轮两种。

(3)托链轮的作用是在通井机运行时，用来托住履带上区段，防止履带下垂过大，减少履带在运行时产生的振跳现象。每个台车安装有两个托链轮。

(4)引导轮起引导作用,它由引导轮轴、导轮支架、导轮支座、浮式油封等组成。

(5)胀紧机构由胀紧弹簧、弹簧支撑、胀紧油缸、撑杆、撑座等组成。

(6)履带为组合式履带,由履带板、履带销、销套、履带节和履带螺栓组成。

24. XT-12通井机的气动系统作用原理是什么?

XT-12通井机的气动系统及作用原理如图1-6所示。

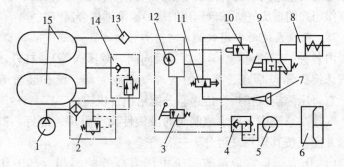

图1-6 XT-12型通井机气动系统示意图

1—空气压缩机;2—油水分离器及安全阀;3、10—调压阀;4—快速放气阀;5—回转导气接头;6—气推盘离合器;7—气喇叭;8—刹车气缸;9—脚踏接通阀;11—气喇叭开关;12—压力表;13—酒精防冻器;14—压力调节器;15—储气罐

25. XT-12通井机的供气机构由哪些部件组成?

将动力机(柴油机或电动机)的机械能转换为气体的压能的转换机构,称为供气机构。包括空气压缩机、储气罐以及空气处理装置等。

空气压缩机修井机上一般采用活塞式空气压缩泵,直接用柴油机驱动供气。它的大小是根据修井机气控系统所需要压缩空气的总消耗量和工作压力选定的。

储气罐在气控系统中主要是用来稳定气控系统中管线的工作压力,储备一定量的气体,保证空压机停车后也能在一定时间内维持系统的正常工作。储气罐的容积和强度必须保证安全可靠。

26. XT-12通井机指令机构由哪些部件组成？

指令机构将供气机构的气压通过操作各种手柄、踏板、按钮经中间机构输给执行机构。指令机构就是由这些各种按钮、踏板、手柄等组成。

27. 什么是气控系统的执行机构？

把输出的气体压能转换为机械能的转换设备，称为执行机构，它是由各种气动摩擦离合器、气缸、气马达等组成。

刹车气缸在操作过程中，通过刹把控制调压阀，使刹车气缸活塞往复运动来帮助司机刹住绞车滚筒。刹车气缸是单作用式的，也有双作用式的猫头气缸和单作用的捞砂滚筒轴离合器气缸等。

28. 气控系统的中间机构由哪些部件组成？

由各种控制阀件(如调压阀、换向阀、减压阀等)、杠杆、气管线、接头和包括在管线中的各种气动放大器、维护装置等组成。它将压缩空气按指令传递、分配给执行机构。

气控制系统中，要求控制阀的灵敏性高，耐用性能好，制造维修方便。按其作用又可分为三大类。

(1)压力阀：它是调节系统中压力高低的阀门，其工作原理是靠作用在阀芯上的气压力和弹簧力相平衡来获得被控制气体的一定压力。改变弹簧力即改变平衡状态，阀内通道也随之改变，从而使与压力阀并联或串联的气路中空气压力也相应发生变化。常用压力阀有调压阀、减压阀、稳压阀和安全阀等。主要用在要求平稳启动和有变换操作压力的执行机构上，如控制刹车气缸的压力、气动卡瓦的开启、绞车高低速挡的启动、滚筒的摘挂等。

(2)流量控制阀：用来控制执行机构进气或排气的流量，以调节执行机构的工作速度(故又称调速阀)。

(3)方向控制阀(换向阀)：是用来控制气体流动方向的阀，用阀芯切换进、出气通道即可使气路换向。按操纵方式分为手动和气控两种，常用的有手动两通阀、三通旋塞阀、气控二位三通阀(两用继气阀)等。

29. 修井工艺对修井机绞车的要求有哪些？

绞车是修井机的主要工作机之一。它的主要任务是用于起下钻具、油管和抽油杆等，在大修作业时用于送进钻具和钻具的上卸扣以及起吊重物等各种辅助工作。在自带井架的修机中，井架的起放也由绞车来完成。

根据上述任务，对绞车提出了以下一些要求，以满足修井工作的需要。

（1）绞车要有足够的功率。在最低转速下滚筒钢丝绳能产生足够大的拉力，以保证游动系统能起升最重的钻具载荷，并有一定的解除井下事故的能力，能保证完成具有最大载荷的起下钻作业，为此，也就要求绞车起升部件在短时最大载荷作用下要有足够的强度、刚度，在绞车使用期限内，滚筒、轴、轴承及传动件要有足够的寿命。

（2）绞车要有足够的尺寸。在保证绞车强度前提下，应有足够的尺寸，以满足井下作业所需的容绳量，并应保证缠绳状态良好，以延长钢丝绳寿命。

（3）绞车要有足够的起升排挡。

（4）绞车要有灵敏而耐久的刹车机构。

（5）绞车应具有刚度大的支架和底座。

（6）绞车的控制应便于操作。为了便于绞车的操作，绞车的控制台、刹把、手柄等应相应地集中。

30. XT-12绞车传动系统结构及工作过程是什么？

绞车的传动如图1-7所示。

图中序号1~22各齿轮的齿数/模数分别是：92/12，19/12，24/10，19/10，27/9，39/7，33/7，18/7，20/9，24/7，39/7，33/7，24/7，18/7，27/5，41/5，37/7，37/7，22/7，34/5，36/5，32/5。

由图可见，XT-12通井机绞车转速有正反各3×4种。滚筒正反转的各挡转速是一致的，转向相反，由司机操作正反转操作杆，通过拨叉拨动变速箱啮合套来实现。

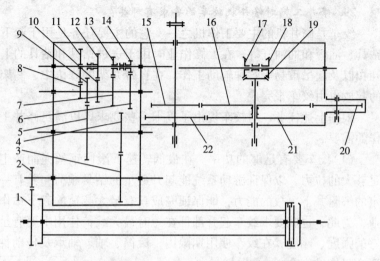

图1-7 XT-12型通井机绞车传动示意图

1—从动大齿圈；2—输出轴主动齿轮；3—五级从动齿轮；4—五级主动齿轮；
5—四级从动齿轮；6——速从动齿轮；7—二速从动齿轮；8—四速从动齿轮；
9—四级主动齿轮；10—三级从动齿轮；11—四速主动齿轮；12—三速主动齿轮；
13—二速主动齿轮；14——速主动齿轮；15—低速挡主动齿轮；
16—低速挡从动齿轮；17、18—大伞齿轮；19—小伞齿轮；
20—油泵齿轮；21—高速从动齿轮；22—高速主动齿轮

31. XT-12通井机各挡转速与快绳拉力关系如何？

XT-12通井机各挡转速与快绳拉力关系如表1-3所示。

表1-3 滚筒各挡速度及快绳拉力

	挡次 参数	1挡	2挡	3挡	4挡
低速挡	滚筒转速/(r/min)	39.4	62	117.4	185
	三排快绳速度/(m/s)	0.94	1.5	2.8	4.5
	一排快绳拉力/kN	114.64	72.765	38.442	24.419
	4×5游动系统大钩拉力/kN	862.005	547.211	289.1	183.58
	3×4游动系统大钩拉力/kN	646.552	410.4	216.727	137.685

18

续表

	档次 参数	1挡	2挡	3挡	4挡
高速挡	滚筒转速/(r/min)	53	84	158.4	250
	三排快绳速度/(m/s)	1.3	2	3.8	6
	一排快绳拉力/kN	84.926	53.937	28.439	18.093
	4×5游动系统大钩拉力/kN	638.609	405.603	213.785	136.018
	3×4游动系统大钩拉力/kN	475.623	304.202	159.848	101.989

32. XT-12通井机绞车变速箱的结构特点是什么？

如图1-7所示，变速箱结构形式为斜齿常啮合式，有正反各2×4种转速，并带有动力端输出轴。斜齿常啮合式变速箱的变速由拨叉杆拨动啮合套来完成，换挡灵活，齿轮的润滑为强制润滑，以保证变速箱的正常工作。采用斜齿有助于提高变速箱的寿命及减少噪声。

拖拉机主变速箱的上轴，由两个链轮及链条联结到绞车变速箱第一轴。第一轴的轴端安装有花键，供动力输出用，再经过多对齿轮增扭减速将动力传给输出轴，由输出轴上的主动齿轮又把动力传给传动大齿轮，带动滚筒工作。

变速箱的操纵设有三个操纵杆，一个是正、反转操纵杆，一个是高、低速操纵杆，一个是变速操纵杆。在变速操纵机构中，设有与拖拉机总离合器的联锁装置，这一装置使主离合器结合时，变速箱不能换挡，只有当总离合器分离时，变速箱才能换挡。联锁装置的采用，防止了在修井机工作时变速箱掉挡或变速箱自行换挡、换向以及人为的挂挡或换向，避免打坏齿轮。

33. XT-12通井机滚筒的结构及作用原理是什么？

滚筒由滚筒体、左轮辐、右轮辐焊接而成，它们均为铸钢件，强度高。左、右两个制动轮毂用螺栓连接在滚筒体上，在轮毂磨损后，可以单独更换轮毂，而滚筒可继续使用。

滚筒操作通过总离合器手把、两个变速手把、滚筒离合器手柄、滚筒刹车手把、油门踏板和滚筒刹车气动助力踏板等实施。

另外，滚筒轴的另一端装有猫头，用来进行管柱上卸扣、提升上体井架和拉吊油管等辅助工作。

34. XT-12通井机刹车的结构特点是什么？

滚筒刹车为带式摩擦刹车，有左、右两个刹带。刹带的内面铆有石棉刹车块，刹带外装有刹车护罩，护罩上装有顶丝和弹簧，用以调整刹带和刹车轮毂的间隙，使之均匀。其结构如图1-8所示。

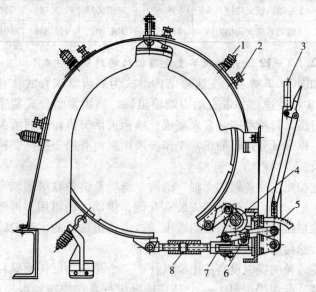

图1-8 XT-12型通井机绞车刹车结构示意图
1—刹车拉杆；2—定位螺钉；3—刹车总成；4—曲拐轴合件；
5—撑条；6—调节丝杆；7—平衡架；8—调节螺母

刹车带与刹车轮之间的间隙不均时，调整方法是拧紧或松开固定在刹车带护罩上的定位螺钉及改变弹簧压力，即可使刹车带与刹车轮的间隙均匀。

35. XT-12通井机刹车的原理是什么？

刹车装置为气动助力机械混合式，操作省力可靠。如图1-9所示。

拉下刹把，则刹车曲轴旋转而拉紧刹带，然后踩下刹车踏板,通过调压阀作用使刹车汽缸充气,通过活塞推动刹车曲轴继续旋转,从而刹紧滚筒。

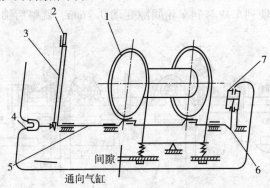

图 1-9 XT-12 通井机绞车刹车机构示意图
1—刹带;2—转动手柄;3—刹把;4—司机调压阀;5—曲轴;6—杠杆;7—刹车气缸

气动助力时,操纵力小于 50N,纯机械制动时,操纵力不大于 250N。此外,还备有死刹车装置,当游车大钩有负荷、操作人员离开驾驶室时,必须把死刹车锁住。

36. XT-12 通井机滚筒离合器的结构特点是什么?

滚筒离合器为 CD2610 型气动隔膜推盘式离合器。这种离合器具有结构简单、操作方便和不打滑等优点,离合器的主动盘装在滚筒轴上,从动盘装在滚筒体上,当离合器结合时带动滚筒工作。

37. 如何调整 XT-12 通井机的刹车机构?

刹车机构各润滑点均应按要求定期注油,各部螺栓不许松动,刹车块严禁染上油污,以免影响刹车性能。当更换刹车块时,刹车块与刹车轮之间的正常间隙应为 2.5~3.5mm,必须按图 1-10 所示尺寸调整,即保证右平衡架与平衡架右支座之间尺寸 $(20±3)$ mm 和左平衡架与平衡架左支承座之间尺寸 $(20±8)$ mm。为保证使用中左(右)平衡架与调节丝杠之间的连接可靠性,应保证尺寸 $(30±5)$ mm。当刹车间隙超过 3.5mm 时,应进行调整,调整的方法是:先松开锁板,用搬手沿逆时针方向旋转调节丝杠，可使刹车块与刹车轮的间隙减小，沿顺时针旋转调节丝杆，可使刹车块与刹车轮之间的间隙增大，每旋转调节丝杆一圈可使刹车块与刹车轮间隙变动0.7mm，调整后锁紧锁板。

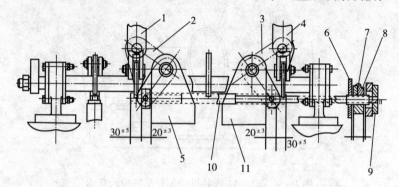

图1-10 刹带间隙调整图

1—刹带死端拉杆；2—右平衡架；3—左平衡架；4—刹带死端拉杆；
5—平衡架右支座；6—骨架左座；7—顶丝；8—限位螺母；
9—锁板；10—调节丝杆；11—平衡架左支座

38. 如何正确使用XT-12绞车？

使用之前，应先检查并证实驾驶室中的行驶排挡和换向杆放在空挡位置上，右脚死刹车必须锁住，避免操作绞车时将通井机开走或转向。然后检查机身温度和机油压力，机身温度达50℃时才能带负荷，正常工作时水温要在65~85℃，机油压力要保持在150~300kPa的范围内，机油压力不正常不能工作；检查有无渗油、漏水现象；检查滚筒传动及连接部分是否完整和紧固，不得有松动现象；检查刹车是否灵活好用。冬季时，要先挂上一挡，空负荷运转滚筒5~10min后再带负荷。最后再检查滚筒、猫头处有无人或其他障碍物，天车、游动滑车钢丝绳有无跳槽现象，必须在井口有专人指挥下才能进行操作。

挂挡时，先刹住滚筒，再摘开滚筒离合器和总离合器，然后挂上合适的排挡。如挂不上，将总离合器轻轻活动一下再挂。挂挡时，牙轮不应发响。

起钻时必须注意，一定先挂上总离合器后，再挂上滚筒离合器，同时松开滚筒刹车把，加大油门开始起钻。起钻时刹把必须松开，正常操作（运转）时，严禁猛刹车。

换挡时，摘开滚筒离合器，待滚筒停止转动，再摘开总离合器；挂上合适的排挡后，再挂上总离合器。

下钻时，用刹车控制速度。速度不应太快，避免发生顿钻等事故。当下放钻具负荷很大时（如坐井口、封井器等特殊作业），可挂上滚筒离合器并挂上一挡，摘开总离合器，由刹车控制进行下放。注意此时绝对不能挂总离合器。

正常操作或使用倒挡时，滚筒死刹车必须松开。如游车大钩有负荷、操作人员需离开驾驶室时，必须先把滚筒死刹车锁住，避免发生溜钻事故，确保安全生产。

引擎无负荷时，油门应减小，引擎负荷前应慢慢加大油门。在一般情况下起钻时，游动滑车和天车距离不得小于1m，防止游动滑车碰天车。起下钻时，井口一定要有专人指挥，非操作人员未经允许和培训合格不得任意上车操作；操作时要精力集中，车上车下协作配合服从指挥。开始起升时，应缓慢、防挂；下钻时，控制适当速度、防顿；下钻提单根未提起至抽油机驴头以上时，禁止猛挂离合器及猛轰油门；井口操作扶好吊环。

39. 如何正确使用 XT-12 绞车离合器？

离合器的使用原则是"挂时要慢和稳，摘时要快而彻底"，一般不允许在半离半合的状态下进行工作。为了保护易磨损的总离合器，一定要"先挂后摘"，即起钻时要先挂总离合器后挂滚筒离合器，换挡时要先摘滚筒离合器后摘总离合器，使其在没有负荷的情况下接合。挂时要平稳操作，挂得太猛会使传动部分受损。如发现离合器打滑或因太紧摘不开时，要停止使用并进行检查调整。停止滚筒旋转时，应先摘滚筒离合器，然后再摘总离合器。

XT-12型通井机绞车离合器为气动压紧、弹簧分离，不需任何调整。但使用中必须注意以下几点：

(1) 经常观察气路系统是否有漏气的地方，一旦发现，必须及时排除故障，以保证离合器的正常工作。

（2）摩擦片绝不许染上油污，以免打滑影响传递扭矩。

（3）橡皮膜不得染上油污也不许碰伤，以保证其良好的气密性。

40. 如何处理XT－12通井机使用时挂挡困难问题？

由于联锁装置不当所致的挂挡困难，按以下步骤进行调整：

（1）卸下驾驶室中的有关地板；

（2）将离合器操纵杆放到最前面；

（3）从离合器操纵杆上卸下调整拉杆，并旋松调整杆上的锁紧螺母；

（4）扳动锁定轴杠杆向后倾斜与整机的横轴线约成13°（从右上方向下看），同时使用任意一挡处于未接合状态，以使锁定销能进入锁定轴销的切槽内锁住锁定轴；

（5）在调整拉杆上的弹簧处于刚开始变形的状态下调整接头螺母，改变调整拉杆的长度，使调整拉杆上的两销孔超过横轴拉臂销孔2~3mm；

（6）轻轻地拨动锁定轴杠杆，装入销轴及开口销，拧紧调整拉杆的锁紧螺母，使调整拉杆与离合器操纵拉杆连接起来；

（7）使离合器接合或分离，用变速方法检查调整是否正确，如不正确按前述步骤重新调整到正确为止；

（8）分开销轴的开口销，安装好地板。

41. 如何处理XT－12通井机使用中摘挡困难问题？

由于离合器未完全分离或联锁装置调整不当所致摘挡困难，排除方法如下：

（1）将离合器操纵杆向前推到底，然后再调整。

（2）如因联锁装置调整不当，则按39题所述方法进行调整。

42. 如何处理XT－12通井机使用中变速箱响声异常、过热（超过周围空气温度60℃）问题？

响声异常：

（1）轴承游隙过小（新换的轴承或重新安装之后）。排除方法：更换或调整符合游隙要求的轴承，或检查轴承外圈是否被定位销压扁，必要时重新装配。

(2)零件松脱。排除方法：立即停车检查。

过热(超过周围空气温度60℃)：

(1)油量不足。排除方法：添加润滑油至规定油位。

(2)油质不佳。排除方法：用柴油清洗内腔，再加注符合规定的润滑油。

第三节　修井机的动力

43．修井机由哪些系统组成？

目前我国使用修井机的型号较多，但其功能、结构基本相同，主要由动力机、传动系统、控制系统、行走系统、液压系统、提升系统、刹车系统、底座等组成。图1-11为国产XJ90修井机的结构示意图。

44．修井机的动力机主要有哪些型号？

修井机的动力机为功率较大的柴油机，多数行走和提升用一台动力机，也有用两台柴油机分别驱动行走系统和提升系统的，主要型号包括：CTA3400、CTA3500、ZSLe375、WD615、68G等。

45．柴油机由哪几部分组成？各部分的作用是什么？

柴油机是用柴油在气缸内直接燃烧，靠燃气膨胀推动活塞对外作功，其工作过程就是按照一定的规律不断地将柴油和空气送入气缸，并在气缸内着火燃烧，放出热能，气体在吸收热能后膨胀，在气缸内压力升高推动活塞作功，将热能转化为机械能。修井机用四冲程柴油机，四冲程柴油机主要由以下机构与系统组成。

(1)机体组件：包括机体(气缸体-曲轴箱)、气缸套、气缸盖和油底壳等。这些零件构成了柴油机骨架，所有运动件和辅助系统都支承在它上面。

(2)曲柄连杆机构：包括活塞、连杆、曲轴、飞轮-连接器

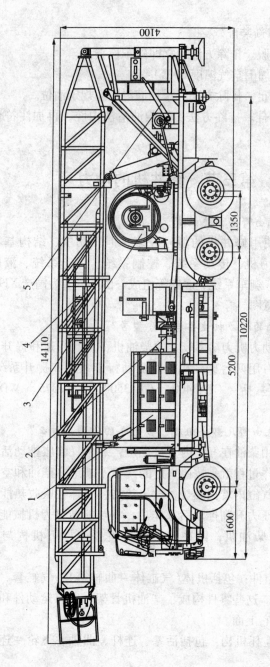

图1-11 XJ90修井机结构简图

1—柴油发动机；2—液力变速箱；3—绞车及刹车系统；4—井架及游动系统；5—刹把

和扭振减振器等。是柴油机的主要运动件。作用是将活塞的往复直线运动变成曲轴的旋转运动，以实现热能和机械能的相互转换。

（3）配气机构与进、排气系统：包括进、排气门组件、挺柱与推杆、凸轮轴、传动系统、进气管、空气滤清器、排气管与消音灭火器等。它的作用是定时地排出废气，吸入新鲜空气，提供燃料燃烧所需要的充足氧气。

（4）燃料供给与调节系统：包括喷油泵、喷油器、输油泵、燃油滤清器以及调速器等。它的作用是定时、定量地向燃烧室内喷入燃油，并创造良好的燃烧条件，满足燃烧过程的需要。

（5）润滑系统：包括机油泵、机油滤清器、机油离心精滤器和压力调节与安全装置等。它的作用是将机油送到柴油机运动件摩擦表面，以减少运动件的磨损和摩擦阻力。

（6）冷却系统：包括水泵、风扇、散热水箱、机油散热器、空气中间冷却器和节温装置等。它的作用是利用冷却介质（水或空气），将受热零件所吸收的热量及时传送出去，保证柴油机各零件在高温环境中正常地工作。

（7）启动系统：根据柴油机所采用的启动方式不同，而由不同部件所组成。压缩空气启动系统是由空气分配器、储气瓶、启动控制阀和启动活门等所组成。电动机启动系统是由启动电机、继电器、蓄电池和启动按钮等所组成。辅助发动机启动系统是由启动发动机和传动装置等所组成。它们的作用都是借助于外部能源（如压缩空气、电力）带动着柴油机转动，使柴油机实现第一次着火。

（8）增压系统：增压柴油机上所装置的一种特殊机构——增压器。其作用是使进气压力增高，从而提高柴油机的有效功率。

46. 柴油机发生故障后有哪些异常现象？

（1）运转时声音异常。如不正常的敲击声、放炮声、吹嘘声、排气声、周期性的摩擦声等。

(2)运转异常。如柴油机不易启动，工作时出现剧烈震动，功率不足，转速不稳定等。

(3)外观异常。如柴油机排烟管冒黑烟、蓝烟、白烟，各系统出现漏油、漏水、漏气等。

(4)温度异常。机油及冷却水温度过高，排气温度过高，轴承过热等。

(5)压力异常。机油、冷却水及燃油压力过低，压缩压力下降等。

(6)气味异常。柴油机运行时，发出臭味、焦味、烟味等气味。

柴油机运行时出现异常现象，必须认真查清产生异常现象的原因，这就要求我们善于做分析推理判断，透过现象看实质，找出发生故障的原因和部位，将故障排除。

47. 柴油机故障判断和排除的原则是什么？

柴油机出现故障，应该保持头脑冷静，有步骤有目的地进行检查与分析，切不可手忙脚乱盲目检查，胡乱拆卸，应根据故障的异常征兆、迹象、响声、出现时机、变化规律来寻找故障产生部位，首先从原理与结构层面进行细致的分析推理，做出正确判断来寻找产生故障的原因。

判断柴油机故障的一般原则是：结合结构、联系原理、弄清现象、结合实际、从简到繁、由表及里、按系分段、查找原因。

48. 判断柴油机故障的主要方法有哪些？

(1)隔断法：经分析怀疑故障是由某一工作部位所引起时，可使该部分局部停止工作，观察故障现象是否消失，从而可断定故障发生部位。隔断法就是停止柴油机的单个气缸工作或逐个停止几个甚至全部缸的喷油，观察柴油机和停止喷油前后的工作变化。用此种方法检查各气缸的工作情况，特别是检查各气缸的排烟颜色最有效。如柴油机冒黑烟，分析认为是某个气缸喷油器雾化不良所造成，此时可将该缸停止工作，若黑烟消失，则可认为判断正确。

（2）比较法：比较法用得比较普遍，柴油机出现故障后，如果对某个部件或哪一个系统有怀疑，更换一个质量好的部件或某一个正常的系统，观察故障是否消除，如果故障现象消失，证明故障就发生在这个部件或这个系统。

（3）验证法：验证法是对已知的故障原因，通过试探性的调整或拆卸，用以检查过去分析的正确性，从而找出故障所在。用改变局部范围内的技术状态，观察其对柴油机工作性能的影响，以判断故障原因。如柴油机出现机油压力低的现象，可先清洗滤清器，如故障未消失，再找其他原因。

（4）仪器仪表检查法：仪器仪表检查法是运用仪器或仪表对柴油机进行测试，找出故障隐患，了解机组的性能和状况。

49. 空压机系统的故障有哪些？如何排除？

（1）空压机空气压力上升缓慢

空压机的进气系统阻力过大：更换空压机空气滤清器（如果安装的话），检查进气管。如果空压机进口连接在车辆或设备进气系统上，需要检查发动机的进气阻力。

空气系统泄漏：制动车轮，在弹簧制动器张紧或释放时检查空气系统是否泄漏。检查空压机密封垫和空气系统软管、接头和阀是否泄漏。

空气调压器故障：检查空气调压器是否工作正常，确保空气调压器的安装位置离空压机的距离小于63cm。

排气管、单向阀或缸盖上积炭过多：检查有无积炭，如有必要，更换空压机排气管。检查涡轮增压器是否泄漏机油。检查进气管中有无机油。

空气系统部件故障：检查单向阀、醇蒸发器、空气干燥器和其他OEM安装的空气系统部件的工作情况，参考制造厂的说明书。

卸荷阀故障：检查卸荷阀和卸荷阀体密封。

空气机进气或排气阀泄漏空气：检查空压机进气阀和排气阀总成。

(2)空压机频繁开停

空压机泵气时间过长:更换 Turbo/CR2000 空气干燥器(如果已装配)上干燥芯。检查空压机的负荷周期。

空气干燥器单向阀卡住:润滑或更换空气干燥器出口单向阀总成。

空气调压器故障;空气系统部件故障,空气系统泄漏,排气管、单向阀或缸盖上积炭过多;相应的故障排除方法见空气压力上升缓慢的排除方法。

E 型系统布管不正确:安装 Ecom 阀、单向阀和系统软管。

(3)空压机噪声过大

排气管、单向阀或缸盖上积炭过多:检查有无积炭。如有必要,更换空压机排气管。检查涡轮增压器是否泄漏机油。检查进气管中有无机油。

空气系统部件结冰:检查排气管的低端、Ecom 阀、干燥气进口和弯管接头内是否结冰。

空压机固定件松动、磨损或断裂:检查空压机固定件。

附件传动装置磨损(轴端隙超出技术范围):检查附件传动装置轴端隙。目测检查轴是否磨损。

空压机传动齿轮或发动机齿轮系磨损或损坏:检查传动齿轮和齿轮系,如有必要,进行维修。

空压机正时不正确:检查空压机正时。

花键传动联轴器或齿轮磨损过大:检查联轴器是否磨损。

空压机磨损过大或内部损坏:更换或大修空压机。更换 Turbo/CR2000 空气干燥器(如已装配)上的干燥芯。

空压机将空气脉冲送进空气罐:在空气干燥器和湿式罐之间安装一个脉冲空气罐。参考制造厂的说明书。

(4)空压机泵入空气系统过多的机油

空压机的进气系统阻力过大,E 型系统布管不正确,排气管、单向阀或缸盖上积炭过多:参见以上介绍的排除方法。

机油回油管堵塞:拆下空压机,然后检查空压机和附件传动装置中的机油回油孔。

空压机逐渐过热：如果冷却液温度超高，参考冷却液温度超过正常逐级过热症状排除内容。

系统油箱中杂质沉积：每日排放油箱。

曲轴箱压力过大、机油压力超过技术范围：检查曲轴箱窜气是否过多，检查机油压力。

空压机传动齿轮或发动机齿轮系磨损或损坏：检查传动齿轮和齿轮系，如有必要，予以维修。

空压机泵气时间过长：更换 Turbo/CR2000 空气干燥器(如果已装配)上的干燥芯。检查空压机的负荷周期。如有必要，安装一个较大的空压机。

(5)空压机不泵气

空气系统泄漏、卸荷阀故障、空气调压器故障、花键传动联轴器或齿轮磨损过大：参见以上介绍的排除方法。

空气干燥器的干燥芯已浸透：更换空气干燥器上的干燥芯。

空压机进气阀或排气阀泄漏空气：检查空压机进气阀和排气阀总成。

空压机磨损过大或内部损坏：更换或大修空压机。

(6)空压机不能停止泵气

空气系统泄漏、空气调压器故障、卸荷阀故障、空气系统部件故障：参见以上介绍的排除方法。

空气调压器信号管或执行器管堵塞：检查信号管或执行器管。

空压机进气阀或排气阀泄漏空气：检查空压机进气阀和排气阀总成。

50. 发电机充电系统的故障有哪些？如何排除？

(1)发电机不充电或充电不足

车辆仪表故障、发电机带松弛：检查车辆仪表，检查发电机带的张力。

供电系统"开路"(熔丝熔断、导线折断或接头松动)：检查熔丝、导线和接头。

蓄电池电缆或端子松动、断裂或腐蚀(电阻过大)：检查蓄电池电缆和端子。

蓄电池故障、蓄电池温度超过技术规范：检查蓄电池的情况，如有必要更换蓄电池；使蓄电池远离热源。

发电机或电压调节器故障：测试发电机输出。如有必要，更换发电机或电压调节器。

发电机过载或发电机容量低于技术规范：安装一台大容量的发电机。

(2)发电机充电过度

蓄电池单格损坏(开路)：检查蓄电池的情况，如有必要，更换蓄电池。

电压调节器故障：检查电压调节器，如有必要，更换电压调节器。

51．冷却系统的故障有哪些？如何排除？

(1)机油中渗入冷却液

机油冷却器发生故障：检查机油冷却器。

空压机缸盖有裂缝或渗漏，密封垫泄漏：检查空压机缸盖和密封垫。

中冷器泄漏(仅限于中冷式发动机)：拆下并对中冷器进行压力测试。

缸盖芯和膨胀塞泄漏或装配错误，缸体有裂缝或渗漏：检查缸盖，检查缸体。

气缸套腐蚀或裂纹：检查气缸套是否腐蚀或开裂。

(2)冷却液流失——外部

冷却液液位高于技术规范：检查冷却液液位。

冷却液外泄：目测检查发动机软管、排放旋塞歧管、跨接管、膨胀塞和管塞、管接头、散热器芯、空压机和缸盖密封垫、机油冷却器、水泵密封以及 OEM 安装的有冷却液流动的部件处是否泄漏冷却液。如有必要，对冷却系统进行压力测试。

散热器盖不合格、发生故障或额定压力偏低：检查散热器压力盖。

中冷器泄漏（仅限于中冷式发动机）：目测检查中冷器和管接头是否泄漏。

散热器软管变形、堵塞或泄漏：检查散热器软管。

冷却液加注管堵塞或阻塞：检查冷却液加注管是否堵塞或阻塞。

通风管和加注管堵塞、阻塞或管路不正确：检查通风管和加注管管路是否正确以及是否堵塞。

发动机过热：参考冷却液温度高于正常温度故障排除内容。

(3) 冷却液流失——内部

机油冷却器泄漏：检查机油冷却器有无冷却液泄漏。

空压机缸盖有裂缝或泄漏，或密封垫泄漏：对空压机进行测试。

缸体有裂缝或泄漏：拆下油底壳，对冷却系统进行压力测试以及检查是否泄漏。

水套式中冷器损坏或泄漏：检查水套式中冷器。

(4) 冷却液温度过高——逐渐过热

低温散热器盖或冬季保温罩关闭：打开低温散热器盖或冬季保温罩。在所有时间内应保持最少有775cm或大约28cm×28cm的开度。

散热器百叶窗未完全开启或百叶窗状态设置错误：检查散热器百叶窗。如有必要，维修或更换。参考制造厂的说明书，检查百叶窗状态设置。

空－空中冷器（CAC）叶片、散热器叶片或空调冷凝器叶片损坏或被杂质堵塞：检查CAC、空调冷凝器和散热器的叶片。如有必要，进行清洗。

冷却液液位低于技术规范：检查发动机和散热器外部冷却液是否泄漏。如有必要进行维修，添加冷却液。

冷却液中防冻剂和水的混合比不正确：验证冷却液中防冻剂的浓度，添加防冻剂或水以达到正确浓度。

节温器不正确或出现故障：检查节温器的零件号是否正确，能否正常工作。

散热器盖不合格，出现故障或额定压力偏低：检查散热器压力盖。

风扇导风罩或空气回流挡板损坏或漏装：检查导风罩和回流挡板。如有必要，进行维修、更换或安装。

风扇传动带断裂：检查风扇传动带。如有必要，更换带。

散热器软管扁瘪、堵塞或泄漏：检查散热器软管。

冷却液温度表发生故障：测试温度表。如有必要，维修或更换该温度表。

进气歧管空气温度超过技术规范：参考进气歧管空气温度超过技术规范故障排除有关内容。

风扇传动装置或风扇控制器出现故障：检查风扇传动装置和控制器。

机油油位超过或低于技术规范：检查机油油位。如有必要，添加或排放机油。检查油尺标定。

通风管和加注管堵塞、阻塞或管路不正确：检查通风管和加注管管路是否正确以及是否堵塞。

机油受到冷却液或燃油污染：更换冷却液。

水泵出现故障：测试检查水泵。如有必要，更换水泵。

散热器芯内部阻塞或损坏，单向阀或J形管出现故障：检查散热器。如有必要，进行清洗。

液力变矩器出现故障：检查液力变矩器。

车辆冷却系统冷却能力不足：确认发动机和车辆冷却系统使用的是正确的零部件。

发动机过量供油：检查发动机的燃油消耗率。

机油节温器发生故障、缸盖密封垫泄漏：检查机油节温器、缸盖密封垫。

(5)冷却液温度过高——突然过热

冷却液液位低于技术规范，低温散热器盖或冬季保温罩关闭，风扇传动带断裂，冷却液温度表发生故障，散热器盖不合格、出现故障或额定压力偏低，散热器软管扁瘪、堵塞或泄漏，水泵出现故障，空－空中冷器(CAC)叶片、散热器叶片或空调冷凝器叶片损坏或被杂质堵塞，风扇传动或风扇控制器故障，散热器百叶窗未完全开启或百叶窗状态设置错误：参见以上介绍的排除方法。

节温器不正确或出现故障：检查节温器零件号是否正确以及能否正常工作。

冷却系统部件发生故障：执行冷却系统诊断测试。

液力变矩器冷却器或液压油冷却器故障：拆下并检查冷却器芯和O形圈。

通风管或加注管受阻、堵塞或布管不正确：检查通风管或加注管是否正确布置以及是否堵塞。

(6)冷却液温度过低

冷却液温度表或传感器产生故障：测试温度表和传感器，如有必要，维修或更换。

发动机在较低的环境温度下运行：检查冬季保温罩、百叶窗和发动机罩下的空气。在寒冷气候条件下发动机使用机罩下进气。

节温器不正确或出现故障：检查节温器零件是否正确，能否正常工作。

经过散热器的冷却液流量不正确：检查经过散热器的冷却液流量是否正确。

风扇传动或风扇控制器故障：检查风扇传动和控制器。

51. 启动系统的故障有哪些？如何排除？

(1)启动燃油压力低

油箱中燃油油位较低：给燃油箱加注燃油。

燃油滤清器堵塞：测量燃油滤清器之前和之后的燃油压力。

燃油泵吸油侧的燃油管接头松动：拧紧燃油和燃油泵之间的所有管接头。

燃油输油泵故障：检查燃油输油泵是否正常工作。检查输油泵的输出压力。如有必要，更换输油泵。

(2)启动困难或不能启动(冒黑烟)

蓄电池电压太低：检查每个单格中的电解液液面(不包括免维护蓄电池)。如有必要，添加蒸馏水。检查免维护蓄电池上的"小孔"。如有必要，更换蓄电池。

进气系统阻力超过技术规范：检查进气系统是否堵塞。如有必要，清洗或更换空气滤清器和进气管。

气温太低需要启动辅助装置或启动辅助装置故障：检查启动辅助装置是否正常工作。

燃油滤清器堵塞：测量燃油滤清器进口或出口的燃油压力。

发动机机体加热器故障(如果已装备)：检查接往发动机机体加热器的电源和电路。如有必要，更换机体加热器。

燃油加热器故障(如果已装备)：检查燃油加热器，如有必要，予以更换。

发动机启动速度太低：用手提式转速计或手提电脑检查发动机启动转速。如果启动转速低于 150r/min，参考发动机不能启动或启动缓慢故障排除内容。

发动机转速传感器(ESS)或电路故障：检查 ESS 发动机转速传感器是否正确调整，传感器上有无污物。检查发动机转速传感器(ESS)电路。

燃油泄漏：检查燃油管、燃油管接头和滤清器有无泄漏。检查通往油箱的燃油管。

输油泵故障：检查输油泵是否正常工作；检查输油泵的输出压力。如有必要，更换输油泵。

喷油器垫片厚度不正确：拆下喷油器并检查喷油器垫片的厚度。

燃油进油受阻：检查燃油进油是否堵塞。

燃油管接头漏油：进行气缸性能检测，以查出管接头漏油的气缸。检查管接头和喷油器有无导致泄漏的裂缝或损伤。

燃油泵与喷油器之间的供油管堵塞：检查燃油泵到缸盖之间的供油管有无导致堵塞的死弯。

燃油系统中有空气：检查燃油系统中有无空气，排出系统中的空气。

排气系统阻力超出技术规范：检查排气系统是否堵塞。

燃油泵的进油温度超过技术规范：注满燃油箱，关闭或旁通燃油加热器，并检查燃油冷却器。

所用的燃油等级不正确或燃油质量太差：用高质量燃油运转发动机。

顶置机构调整不正确：测量和调整顶置机构。

钥匙开关电路故障：检查车辆钥匙开关电路。

喷油泵故障：检查 CAPS 蓄油器压力；检查 CAPS 齿轮式输油泵输出压力；进行 ICV 电磁阀点动试验；进行 CAPS 柱塞断油试验；检查分配器转子是否卡住；检查喷油泵至发动机的正时；更换喷油泵。

凸轮轴齿轮配重轮松动：检查凸轮轴齿轮配重轮是否拧紧。

发动机内部损坏：分析机油并检查滤清器，确定可能损坏的部位。

(3)启动困难或不能启动(不冒烟)

燃油箱中油位过低，蓄电池电压过低，燃油滤清器堵塞，钥匙开关电路故障，输油泵故障，发动机转速传感器(ESS)或电路故障，燃油系统有空气，燃油进油堵塞，喷油器垫片厚度不正确，发动机内部损坏，喷油泵故障：故障排除方法参见(1)、(2)的介绍。

现行故障代码正在起作用或非现行故障代码存在高频记次：对故障代码进行故障判断。

熔丝故障：更换 OEM 接口线束里的熔丝。

供给电子控制模块(ECM)的蓄电池电压过低、中断或开路：检查蓄电池端子。

电子控制模块(ECM)未标定或标定不正确：将存储在电子控

制模块(ECM)中的标定值与发动机额定值和控制零件表中的数值相比较。如有必要,标定电子控制模块(ECM)。

OEM 发动机保护系统被激活或发生故障:隔离 OEM 发动机保护系统,根据 OEM 维修手册来检查有无故障。

线束连接器潮湿:用零件号 3824510 的康明斯电子清洁器对连接器进行干燥。

凸轮轴齿轮转速计环松动:检查凸轮轴齿轮转速计环是否松动。

喷油泵故障:拆下并检查额定形状缓冲阀。

电子控制模块(ECM)被锁住或出现故障:断开蓄电池电缆30s,然后连接蓄电池电缆并启动发动机或更换电子控制模块(ECM)。

(4)发动机不能启动或启动缓慢(电动启动机)

蓄电池温度偏低,电缆或端子松动、断裂或腐蚀(电阻过大),蓄电池电缆规格或长度不正确,电压过低:检查蓄电池加热器;检查蓄电池电缆或端子;用较大规格的或较短的电缆更换蓄电池电缆;检查蓄电池和无开关蓄电池电源电路;如有必要,更换蓄电池。

OEM 启动机联锁装置起作用:检查启动机联锁装置。

用发动机机油冷却的 OEM 部件发生故障:检查 OEM 部件。

发动机从动装置接合:脱开发动机从动装置。

启动电路部件故障:检查启动电路部件。

启动机小齿轮或齿圈损坏:拆下启动机,目测检查齿轮。参考制造厂说明书。

机油达不到工作条件所需的技术规范:更换机油和滤清器。使用规定型号机油。

机油温度低于技术规范:安装油底壳加热器,或排放冷机油,并向系统中加入热机油。

气缸内发生液锁:拆下喷油器并转动曲轴,查找气缸中液体的来源。

机油油位超出技术规范：检查机油油位，确认机油标尺已标定和油底壳的容量，将系统添加到规定的油位。

机油压力开关、压力表或传感器发生故障或者不在正确的位置：检查机油压力开关、压力表或传感器是否正常工作以及是否处于正常的位置。

机油温度开关、温度表或传感器发生故障或者不在正确的位置：检查机油温度开关、温度表或传感器是否正常工作以及是否处于正确的位置。

53. 发动机异响的原因有哪些？如何排除？

（1）连杆轴瓦异响

机油油位低于技术规范：检查机油油位。确认机油标尺已标定和油底壳的容量。将系统添加到规定的油位。

机油压力低于技术规范：检查机油压力。如压力过低，应排除故障。

机油太稀或被稀释。

曲轴轴颈损坏或失圆，连杆弯曲或未对正，连杆螺栓松动或拧紧不正确，连杆轴承瓦损坏或磨损，装配不正确或安装了错误的轴承：检查曲轴轴颈、连杆、连杆螺栓、轴承瓦等部位，若存在问题进行修复或更换。

（2）发动机噪声过大

风扇传动带松动，风扇松动、损坏或不平衡：检查传动带松紧和风扇，如有必要进行调整和修复。

进气或排气泄漏，进气管或排气管接触底盘或驾驶室：检查相应部位，修复问题。

机油油位超过或低于技术规范，机油太稀或被稀释，机油压力低于技术规范：检查机油油位、机油、压力，排除故障。

减振器损坏：检查减振器。

附件传动装置磨损（轴端余隙超出技术规范）：检查附件传动装置轴端余隙。目测检查轴是否磨损。

冷却液温度超过技术规范：检查并排除故障。

传动系噪声过大：脱开传动系，检查发动机有无噪声。

发动机支架磨损，损坏或不正确：检查发动机支架。

顶置机构调整不正确，顶置机构部件损坏：测量并调整顶置机构。检查摇臂、摇臂轴和气门是否损坏或过度磨损。

喷油器故障：执行单缸断油测试。如有必要，更换喷油器。

飞轮或柔性盘螺栓松动或折断：检查飞轮或柔性盘和安装螺栓。

液力变矩器松动：检查液力变矩器。

主轴承或连杆轴承瓦噪声：检查并排除故障。

活塞或活塞环磨损或损坏：检查进气系统是否泄漏。检查活塞和活塞环是否磨损或损坏。

涡轮增压器噪声：检查涡轮增压器的部件，排除故障；

燃烧噪声过大：排除发动机噪声过大（敲缸）故障。

（3）发动机敲缸

乙醚启动辅助装置故障：维修或更换乙醚启动辅助装置。

所用的燃油等级不正确或燃油质量太差，燃油系统中有空气，冷却液温度超过技术规范，喷油器故障，顶置机构调整不正确：检查相应的部位，如有必要，更换高质量燃油、喷油器等。

（4）发动机主轴承响

机油压力低于技术规范，机油油位低于技术规范，机油太稀或被稀释，主轴承螺栓松动，磨损或拧紧不正确，主轴承损坏或过度磨损、装配不正确或安装了错误的轴承，曲轴轴颈损坏或失圆。

（5）发动机活塞噪声

所用的燃油等级不正确或燃油质量太差，喷油器故障，顶置机构调整不正确，连杆弯曲或未对正，活塞或活塞环磨损或损坏，活塞销或活塞销套松动、磨损或安装不正确。

（6）涡轮增压器异响

进气系统阻力超出技术规范，进气管或排气管接触底盘或驾驶室，排气系统阻力超出技术规范：检查排气系统是否堵塞或其他问题。

涡轮增压器的故障:检查涡轮增压器的零件号,并将它与控制零件表中的零件号进行比较。如有必要,更换涡轮增压器;检查涡轮增压器是否损坏。测量涡轮机和压气机叶轮的间隙。

54. 发动机动力不足的原因及排除方法是什么?

(1)空气滤清器不清洁

空气滤清器不清洁会造成阻力增加,空气流量减少,充气效率下降,致使发动机动力不足。应根据要求清洗柴油空气滤清器芯子或清除纸质滤芯上的灰尘,必要时更换滤芯。

(2)排气管阻塞

排气管阻塞会造成排气不畅通,燃油效率下降,动力下降。应检查是否由于排气管内积炭太多而造成排气道阻力增加。一般排气背压不宜超过3.3kPa,平时应经常清除排气管内的积炭。

(3)供油提前角过大或过小

供油提前角过大或过小会造成油泵喷油时间过早或过晚(喷油时间过早则燃油燃烧不充分,过晚则会冒白烟,燃油也会燃烧不充分),使燃烧过程不是处于最佳状态。此时应检查喷油传动轴接合器螺钉是否松动,如果松动,则应重新按照要求调整供油提前角,并拧紧螺钉。

(4)活塞与缸套拉伤

由于活塞与缸套拉伤严重或磨损过度,以及活塞环结胶造成摩擦损失增大,造成发动机自身的机械损失增大,压缩比减小,着火困难或燃烧不充分,下充气增大,漏气严重。此时,应更换缸套、活塞和活塞环。

(5)燃油系统有故障

①燃油滤清器或管路内进入空气或阻塞,造成油路不畅通,动力不足,甚至着火困难。应清除进入管路的空气,清洗柴油滤芯,必要时更换。

②喷油偶件损坏造成漏油、咬死或雾化不良,此时容易导致缺缸,发动机动力不足。应及时清洗、研磨或换新。

③喷油泵供油不足也会造成动力不足，应及时检查、修理或更换偶件，并重新调整喷油泵供油量。

(6)冷却和润滑系统有故障

柴油机过热，是由于冷却或润滑系统有故障所致，此种情况会导致水温和油温过高，易出现拉缸或活塞环卡死现象。当柴油机排气温度增加时，应检查冷却器和散热器，清除水垢。

(7)缸盖组有故障

①由于排气漏气引起进气量不足或进气中混有废气，继而导致燃油燃烧不充分，功率下降。应修磨气门与气门座的配合面，以提高其密封性，必要时换新。

②气缸盖与机体的接合面漏气会使缸体内的气进入水道或油道，造成冷却液进入发动机体内，若发现不及时会导致"滑瓦"或冒黑烟，从而使发动机动力不足。由于气缸垫损坏，变速时会有一股气流从缸垫冲出，发动机运转时垫片处会有水泡出现，此时应按规定扭矩拧紧汽缸盖螺母或更换气缸盖垫片。

③气门间隙不正确会造成漏气，致使发动机动力下降，甚至着火困难。应重新调正气门间隙。

④气门弹簧损坏会造成气门回位困难，气门漏气，燃气压缩比减少，从而造成发动机动力不足。应及时更换已损坏的气门弹簧。

⑤喷油器安装孔漏气或铜垫损坏会造成缺缸，使发动机动力不足。应拆下检修，并更换已损坏的零件。若进水温度太低，会导致散热损失增大，此时应调整进水温度，使之符合规定的数值。

(8)连杆轴瓦与曲轴连杆轴颈表面咬毛

此种情况的出现会伴有不正常声音及机油压力下降等现象，这是由于机油油道堵死、机油泵损坏、机油滤芯堵死，或机油液压过低甚至没有机油等原因造成的。此时，可拆卸柴油机侧盖，检查连杆大头的侧面间隙，看连杆大头是否能前后移动，如不能移动，则表示已咬毛，应检修或更换连杆轴瓦。

对于增压柴油机，除以上原因会使功率下降外，如果增压器轴承磨损、压力机及涡轮的进气管路被污物阻塞或漏气，也都可使柴油机的功率下降。当增压器出现上述情况时，应分别检修或更换轴承，清洗进气管路、外壳，揩净叶轮，拧紧接合面螺母和卡箍等。

55. 发动机怠速不稳的原因及排除方法是什么？

（1）燃油质量低劣。处理：检查更换燃油。

（2）燃油输油管道漏气。处理：检查连接件有无松动，管道有无破裂，滤清器是否未上紧等，并一一校正。

（3）节气门传动杆调整不当或磨损。处理：检查磨损情况，更换并调整传动杆。

（4）怠速弹簧装配不对。处理：重新装配调整。

（5）限速器离心锤装配不当。处理：重新调校。

（6）燃油中有水分或蜡质。处理：更换燃油，更换所有滤清器，装设燃油加热器。

（7）燃油泵校准不正确。处理：重新调校燃油泵。

（8）怠速转速不适当。处理：重新调整。

56. 燃油系统的故障有哪些？如何排除？

（1）冷却液中有燃油

缸盖有裂纹或渗漏：对缸盖进行压力测试。

散装冷却液被污染：检查散装冷却液；放掉冷却液并用无污染的冷却液进行更换；更换冷却液滤清器。

（2）机油中有燃油

发动机怠速运转时间过长：机油和冷却液温度较低可能是由于怠速运转时间过长（超过10min）造成的，长时间怠速运转发动机还不如停机。如果需要怠速运转，应提高怠速转速。

喷油器O形圈损坏或漏装：拆下并检查喷油器，更换喷油器O形圈。

喷油器故障：进行气缸性能测试。如有必要，更换喷油器。

缸盖有裂纹或渗漏：对缸盖进行压力测试。

散装机油被污染：检查散装机油，排净机油，用未被污染的机油进行更换，并更换机油滤清器。

喷油泵故障：检查凸轮壳体有无裂纹或损坏。

发动机内部损坏：分析机油并检查滤清器，确定可能损坏的部位。

(3) 燃油消耗率高

发动机作功周期发生变化，驾驶员操作不当：验证发动机作功周期。

车轮转速表或里程表没有标定：检查车轮转速表和里程表的标定状况。如有必要，标定或更换车轮转速表或里程表。用新的里程数据计算燃油消耗量。

现行故障代码正在起作用或非现行故障代码存在高频记次：对故障代码进行故障判断。

可编程参数和特性选择不正确：检查可编程参数和特性。如有必要，重新设置特性和参数。

发动机怠速时间过长：检查发动机怠速时间。怠速时间过长（超过10min）会导致机油和冷却液温度较低。

电子控制模块(ECM)未标定或标定不正确：将存储在电子控制模块(ECM)中的标定值与发动机额定值和控制零件表中的数值相比较。如有必要，标定电子控制模块(ECM)。

进气歧管压力传感器或电路故障：检查进气歧管压力传感器和电路。

发动机怠速运转时间过长。

车辆速度传感器(VSS)或电路故障：用手提电脑检测车辆未行驶时的车辆速度。如显示器显示有速度，检查传感器和电路。

车辆速度传感器(VSS)受到干扰：检查车辆速度传感器和电路是否受到干扰，检查是否存在故障代码242。如有必要，维修传感器电路。

燃油泄漏，进气或排气泄漏：检查相应部位。

进气系统阻力超出技术规范：检查进气系统是否堵塞。如有必要，清洗或更换空气滤清器和进气管。

传动系与发动机匹配不正确：检查齿轮啮合是否良好以及传动系统部件是否正确。

车辆附加功率消耗过大：检查车辆制动器是否拖曳，变速器是否出现故障，以及冷却风扇的工作循环时间和发动机的传动装置是否正常工作。

所用的燃油等级不正确或燃油质量太差，喷油器故障。

设备和环境因素影响燃油消耗率：当评估燃油消耗时，需要考虑环境温度、风力、轮胎尺寸、轴的对中、行驶路线以及空气动力辅助装置的使用等影响。

机油油位超出技术规范：检查机油油位，确认油标尺已经标定和油底壳容量。向系统注油到规定的油位。

排气系统阻力超出技术规范，顶置气门机构调整不正确，燃油输油泵故障。

发动机内部损坏：分析机油并检查滤清器，确定可能损坏的部位。

57. 进气系统常见故障有哪些？如何排除？

(1) 进气歧管空气温度超过技术规范

空-空中冷器(CAC)叶片、散热器叶片或空调冷凝叶片损坏或被杂质堵塞：检查 CAC、空调冷凝器和散热器的叶片。如有必要，进行清洗。

低温散热器盖或冬季保温罩关闭：打开低温散热器盖或冬季保温罩。在所有时间内应保持最少有 $775cm^2$ 或大约 $28cm \times 28cm$ 的开度。

风扇传动带松动、断裂。

在发动机低速重载，车辆缓慢行驶时，冷却液温度升高：降低发动机负载。通过换到低速挡提高发动机(风扇)转速。

风扇导风罩或空气回流挡板损坏或漏装：检查风扇导风罩和回流挡板。如有必要，进行维修、更换或安装。

散热器百叶窗未完全开启或百叶窗状态设置错误：检查散热器百叶窗。如有必要，维修或更换。参考制造厂的说明书，检查百叶窗状态设置。

排气系统泄漏，热空气进入发动机机舱中：检查排气管路有无泄漏或断裂的部件。

风扇传动装置或风扇控制器出现故障：检查风扇传动装置和控制器。

进气歧管压力传感器故障：检查进气歧管管压力传感器。

车辆冷却系统冷却能力不足：确认发动机和车辆冷却系统使用的是正确的零部件。

应用类型的风扇尺寸不足：验证风扇的尺寸是正确的。

进气歧管温度表故障（如果已装配）：测试温度表。

(2) 进气歧管压力低于正常压力

进气或排气泄漏，空－空中冷器（CAC）堵塞或泄漏，现行故障代码正在起作用或非现行故障代码存在高频记次。

空压机连接管松动或损坏：检查歧管与空压机之间的连接管。如有必要，予以维修或更换。

排气系统阻力超出技术规范：检查排气系统是否堵塞，涡轮增压器是否匹配、磨损或损坏。

发动机输出功率过低：参考发动机输出功率过低故障分析内容。

58. 润滑系统常见故障有哪些？如何排除？

(1) 机油消耗量高

机油达不到工作条件所需的技术规范：更换机油和滤清器。

机油排放间隔过长：确认正确的机油排放间隔。

机油泄漏（外部）：检查发动机有无外部机油泄漏。拧紧螺栓、管塞和管接头。如有必要，更换密封垫。

检验机油消耗率：检查与行驶里程相对应的机油添加量。

空压机将机油泵入空气系统中：检查空气管中有无积炭和机油。

机油冷却器泄漏：检查机油冷却器有无冷却液泄漏。

机油油位超出技术规范，机油受到冷却液或燃油污染。

活塞环未入槽（发动机大修或安装活塞之后）：检查窜气。如果窜气过大，检查活塞环是否正确就位。

活塞或活塞环磨损或损坏：检查进气系统是否泄漏。活塞和活塞环是否磨损或损坏。

涡轮增压器油封泄漏：检查涡轮增压器压气机和涡轮的油封。

发动机内部损坏。

（2）机油受到污染

散装机油被污染，机油中有燃油：换油，参考机油中有燃油故障分析内容。

内部冷却液泄漏，机油油泥过多：参考冷却液泄漏故障分析内容和曲轴箱中机油油泥过多故障内容。

识别机油污染：进行机油分析以确定是否污染。

（3）机油压力高

现行故障代码正在起作用或非现行故障代码存在高频记次，冷却液温度低于技术规范，机油达不到工作条件所需的技术规范。

机油压力开关、压力表或传感器发生故障或者不在正确的位置：检查机油压力开关、压力表或传感器是否正常工作以及是否处于正确的位置。

机油压力传感器或电路故障（电控燃油系统）：检查机油压力传感器和电路。

主机油压力调节器故障：检查主机油压力调节器总成。

（4）机油压力低

现行故障代码正在起作用或非现行故障代码存在高频记次，机油油位超过或低于技术规范，机油泄漏（外部），机油达不到工作条件所需的技术规范，机油滤清器堵塞，机油受到冷却液或燃油污染，机油压力开关、压力表或传感器发生故障或者不在正确的位置：参考前面介绍相应故障处理的方法。

机油压力传感器或电路故障（电控燃油系统）：检查机油压力传感器和电路。

主机油压力调节器故障：检查主机油压力调节器总成。

机油冷却器堵塞：检查机油冷却器。

机油吸油管或输油管松动或断裂，密封垫或O形圈泄漏：拆下并检查油底壳或吸油管。

机油泵故障，发动机内部损坏或内部机油泄漏：分析机油。检查机油滤清器，检查主轴承、连杆轴承瓦、凸轮轴轴套以及摇臂轴轴套是否过度磨损。

（5）曲轴箱内沉积油泥过多

散装机油被污染，冷却液温度低于技术规范，所用的燃油等级不正确或燃油质量太差，机油达不到工作条件所需的技术规范，机油排放间隔过长，机油受到冷却液或燃油污染：参考前面介绍相应故障处理的方法。

曲轴箱压力过高：检查窜气是否过多。

（6）机油温度过高

现行故障代码正在起作用或非现行故障代码存在高频记次，冷却液温度超过技术规范，机油油位超过或低于技术规范，机油温度开关、温度表或传感器发生故障或者不在正确的位置，机油冷却器发生故障，用发动机机油冷却的OEM部件发生故障：检查相应的部位，故障处理参考前面介绍相应的方法。

（7）冷却液中有机油或变速器油

散装机油被污染，机油冷却液发生故障，气缸套腐蚀或有裂纹，缸盖密封垫泄漏，缸盖有裂纹或渗漏，液力变矩器冷却器或液压油冷却器故障，空压机缸盖有裂缝或渗漏，或密封垫泄漏：检查相应的部位，故障处理参考前面介绍相应的方法。

59. 排放系统常见的故障有哪些？如何处理？

（1）发动机冒黑烟

现行故障代码正在起作用或非现行故障代码存在高频记次：对故障代码进行故障分析。

电子控制模块（ECM）未标定或标定不正确：将存储在电子控

制模块(ECM)中的标定值与发动机额定值和控制零件表中的数值相比较。如果必要,标定电子控制模块(ECM)。

进气歧管压力传感器或电路故障,进气系统阻力超出技术规范,进气或排气泄漏,空-空中冷器(CAC)堵塞或泄漏,排气系统阻力超出技术规范,燃油回油管堵塞,喷油器故障,喷油器不正确,涡轮增压器油封泄漏:检查相应的部位,故障处理参考前面介绍相应的方法。

涡轮增压器涡轮间隙超出技术规范值:检查轴承径向间隙和轴向间隙,检查涡轮增压器。如有必要,修理或更换涡轮增压器。

涡轮增压器不正确,顶置调整不正确,所用的燃油等级不正确或燃油质量太差,喷油器垫片厚度不正确,喷油正时不正确,燃油输油泵故障,进气歧管中有燃油,喷油泵故障,发动机内部损坏:检查相应的部位,故障处理参考前面介绍相应的方法。

(2)发动机冒白烟

现行故障代码正在起作用或非现行故障代码存在高频记次,电子控制模块(ECM)未标定或标定不正确,发动机温度过低,发动机在较低环境温度下工作,气温太低需要启动辅助装置或启动辅助装置故障,发动机加热器故障(如果已装备),冷却液温度传感器故障,进气歧管压力传感器故障,喷油器故障,喷油器垫片厚度不正确,所用的燃油等级不正确或燃油质量太差,燃油滤清器堵塞,进气系统阻力超出技术规范,进气和排气泄漏,空-空中冷器(CAC)堵塞或泄漏,燃油回油管堵塞,顶置机构调整不正确,进气歧管中有燃油,喷油器不正确,燃油输油泵故障,冷却液泄漏进入燃烧室,喷油器突出量不正确,发动机内部损坏:检查相应的部位,故障处理参考前面介绍相应的方法。

(3)涡轮增压器泄漏机油或燃油

机油或燃油进入涡轮增压器:拆下进气和排气管,检查有无机油或燃油。

涡轮增压器回油管堵塞:拆下涡轮增压器回油管,检查是否堵塞。清洗或更换回油管。

曲轴箱压力过大：检查曲轴箱窜气是否过多。

涡轮增压器不正确：检查涡轮增压器的零件号，如有必要，更换涡轮增压器。

涡轮增压器油封泄漏：检查涡轮增压器压气机和涡轮机的油封。

气门间隙大或气门杆密封件损坏：检查气门间隙和气门杆密封件。

存在白烟：参考大量冒白烟故障分析内容。

60. 柴油机技术保养的作用是什么？

柴油机的技术保养就是按使用要求经常定期地检查各部零件和机构的技术状况，检查是否清洁，有无润滑油，结合是否可靠，并进行必要的调整，避免过早的磨损和发生故障，以保证设备的正常使用及延长使用寿命，提高工作效率，降低修理成本。

61. 柴油机例行保养的具体内容有哪些？

（1）检查柴油机发热程度、排气情况，以及是否有不正常的敲击声和噪声。

（2）检查机油压力是否正常，应在 100～300kPa 范围内，柴油压力应在 60～100kPa 范围内。

（3）检查机油温度是否正常，水温应保持在 60～80℃。

（4）检查离合器、变速机构、制动机构工作是否灵活可靠。

（5）检查电器设备是否良好无损。

（6）检查机油、柴油和水路系统有无渗漏现象。

（7）擦净机车上的尘土和油污。

（8）用手摸检查与支重轮、引导轮、托带轮以及减速箱轴承发热程度并加油。

（9）润滑主离合器中盘和移动套及松放圈轴承、主离合器操纵杆，汽油机离合器卡箍、操纵杆和脚板轴承。

（10）检查风扇皮带松紧度，并给轴承注润滑油。

（11）用量油尺检查油底壳的机油面，不足时应加足，同时加足冷却水量。

(12)在尘土较大的环境下工作时,每天清洗空气滤清器,并更换油盘中的机油一次。

62. 柴油机一级保养的具体内容有哪些?

当设备每运转 300~350h,要进行一级保养工作。一级保养由司机长组织,除包括执行例行保养作业外,还需进行下列工作:

(1)清洗空气滤清器,并更换集尘杯及油盘的机油。

(2)清洗柴油机机油滤清器,必要时更换芯子;检查高压泵机油面。

(3)清洗油底壳、换新机油;清洗机油泵吸油滤网。

(4)清洗柴油箱滤网,经油沉淀杯和化油器,并放掉油箱中之沉淀物。

(5)清洗水箱内外和下部的油污;清洗柴油机和汽油机曲轴箱呼吸器。

(6)检查风扇皮带松紧度,并给轴承加润滑油。

(7)检查扭紧各部连接螺丝、油管接头,清除漏油、漏水、漏气现象。

(8)检查校对离合器间隙、清除离合器油污,并给轴承加注润滑油。

(9)清洗柴油滤清器和机油滤清器,必要时更换芯子。

(10)检查总离合器的帆布连接器及螺丝的扭紧情况,必要时更换新的。

(11)调整、润滑各操纵杆、刹车踏板机构,检查变速箱油面。

(12)清洗发动机外表、检查发电机固定情况。

63. 柴油机二级保养的具体内容有哪些?

当设备运转 900~1100h,要进行二级保养工作。二级保养由司机长组织,除了包括执行例行保养和一级保养内容外,还需进行下列工作:

(1)在清洗油底的同时,检查连杆轴承的磨损及连杆螺丝开口销的固定情况。

（2）清洗高压泵并换机油。

（3）打开发动机罩子，检查气门弹簧、摇臂、摇臂轴的固定和润滑工作。

（4）检查水泵，不得漏水，必要时更换密封圈。

（5）校对柴油机气门间隙（热车为 0.3mm），减压杆间隙（热车为 0.6mm）。

（6）校对启动机气门间隙（热车为 0.2mm）。

（7）检查汽油机火花塞，并校正间隙至 0.5~0.6mm。

（8）检查发电机电枢炭刷的清洁和磨损情况，并给轴承加注润滑脂。

（9）清除汽缸盖和预热室内的积炭，并检查气门座结合的严密程度，必要时应予以研磨。检查汽缸垫片及进排气管垫片的损坏情况，必要时应予以更换。

（10）检查定时齿轮的啮合间隙，检查、清洁、润滑磁电机。

64. 柴油机三级保养的具体内容有哪些？

当设备运转 1800~2200h，要进行三级保养工作。三级保养需送到专门的修理车间进行。它除了要进行包括一、二级保养全部内容外，还需进行下列工作：

（1）检查缸套、活塞，更换活塞环，检查校对主轴轴承、凸轮轴轴承与连杆轴承间隙。

（2）检查气门弹簧、气门导管间隙、研磨气门。

（3）检查汽缸体、水道胶圈，必要时更换汽缸体及水道胶圈。

（4）清洗水箱、水道、水套，拆检水泵、风扇轴承、调整皮带，检查节温器。

（5）清洗燃油箱、机油散热器。

（6）校正高压泵、低压输油泵及调速器、机油泵、喷油器。

（7）检查各部齿轮及轴承间隙。

（8）检查发电机、电动机、电瓶及电器系统。

第四节 修井机的传动系统

65. 修井机传动系统的传动原理是什么？

传动系统是将发动机的动力变速、变矩后驱动行走部分使修井机可自行行走或驱动绞车、转盘等完成修井工作。不同型号修井机传动系统所用的部件不同，但原理基本相同。下面主要以 XJ90 修井机介绍传动系统的原理及使用。

（1）通过行走部分传输动力扭矩，使修井机可自行行走。传动系统主要部分包括 BY502 液力变速器、分动箱、传动轴、前（后）驱动桥、浮动桥等。其工作原理为：发动机的扭矩通过液力变速器、分动箱、传动轴，使驱动桥转动而行走。

（2）作业施工部分的传动系统工作原理：发动机的扭矩通过液力变速器变矩输出后，传给分动箱、角齿箱、链条箱（很多机型此为齿轮箱），带动滚筒（绞车）转动，达到提升的目的。

传动原理如图 1-12 所示。

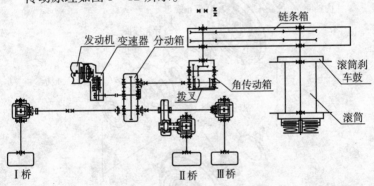

图 1-12 修井机传动原理示意图

66. 液力变速器的组成及特点是什么？

液力变速器主要由液力变矩器、行星齿轮变速箱组成，修井机使用的多为液压控制自动液力变速器。

液力变矩器安装在变速器传动系的前面，并通过驱动端盖用螺栓固定在发动机的飞轮上。液力变矩器中盛有自动变速器用油，起到液力耦合器作用,它将发动机扭矩传递给变速器。同时,它将增大由发动机产生的扭矩,并将增大的扭矩传递给变速器。

行星齿轮装置将液力变矩器增大的发动机扭矩变为更大的扭矩,并将总扭矩传递给传动轴。行星齿轮装置由行星齿轮组成,它增大发动机扭矩,由液压作用以控制行星齿轮的运动,传动轴用于传递发动机扭矩,承受液力变矩器的过多扭矩。

液压控制系统指令,将液压施加于行星齿轮离合器和制动器上,以根据各种行驶或作业条件自动变换传动比。

与普通齿轮变速箱相比,液力变速器结构紧凑,启动平稳,传动柔性,可防止工作机过载,即使外载增加导致涡轮制动,动力机(主动轴)仍可以某一转速工作而不熄火。

67. 液力变矩器由哪些零部件组成?

主要由泵轮、导轮、涡轮等组成,如图 1 – 13 所示。

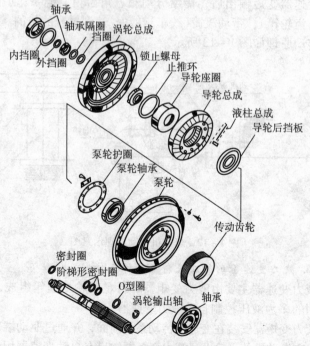

图 1 – 13 液力变矩器总成

68. 液力变矩器的工作原理是什么？

工作原理如图 1-14 所示。

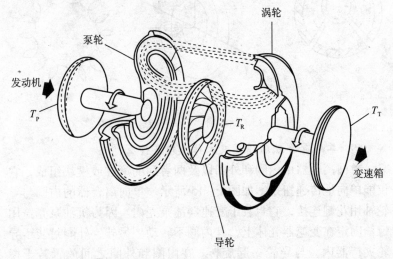

图 1-14 液力变矩器原理示意图

液力变矩器工作时，工作油液在工作轮中循环流动，流经的空间叫做工作腔。当泵轮在发动机驱动下旋转时，叶片带动工作腔中的工作油液一起旋转。在离心力的作用下，工作油液从叶片内缘向外缘流动，因此，叶片外缘处压力较高，而内缘处压力较低，其压力差决定于工作轮的半径和转速。由于泵轮和涡轮的半径是相等的，当泵轮的转速大于涡轮时，泵轮叶片外缘处的油液压力大于涡轮叶片外缘处的油液压力，于是工作油液不仅随着工作轮绕其轴线作圆周运动，而且在上述压力差的作用下，沿循环圆循环流动，从泵轮到涡轮，经导轮改变方向后又回到泵轮，油液质点的流线形成一个首尾相连的环形螺旋线，故油液质点的运动叫做螺管运动，如图 1-15 所示。能量的传递过程是：泵轮接受发动机传递来的能量，传给液压油，使其流动，动能提高，液压油再进入涡轮，将动能传给涡轮，使其旋转输出。

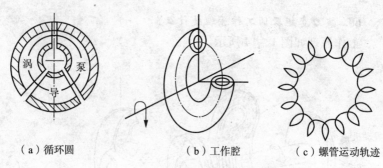

(a) 循环圆　　　　(b) 工作腔　　　　(c) 螺管运动轨迹

图 1-15　循环圆、工作腔与螺管运动

69. 单向离合器的作用及工作原理是什么？

单向离合器由内圈和外圈以及两者间的滚柱或楔块组成，它仅能单向地传递扭矩。如图 1-15 所示。单向离合器的内圈与导轮轴用花键连接，它封装于变速器油泵壳内。因为机油泵壳盖用螺栓固定在变速器壳体上，其内圈不转动。另外，外圈封装于导轮夹持器内，与导轮一起旋转。在内圈和外圈之间放置若干楔块。如图 1-16 所示。

单向离合器的功能就是使导轮按泵轮的旋转方向旋转，使工作液回流到泵轮。其工作原理如下。

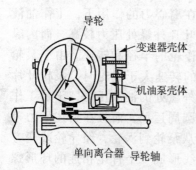

图 1-16　液力变矩器中的单向离合器

当按图 1-17 所示箭头 A 方向旋转外圈时，它会推动顶端的楔块。因为距离 l 比 l_1 长，楔块倾斜使外圈旋转。然而，当试图将外圈按反方向（B）旋转时，楔块不会倾斜，因为距离 l_2 比 l 长。其结果是楔块锁住外圈，使其不能转动。为保证这个动作，安装有 1 根保持弹簧，使楔块按照能锁住外圈的方向始终保持一点倾斜。

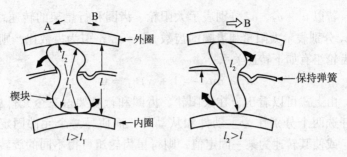

图 1-17 单向离合器的工作原理

70. 行星齿轮机构的作用是什么?

行星齿轮机构位于液力变矩器与传动轴之间,起到力传递和变速的作用。这种行星齿轮机构体积小、结构简单、操纵方便、变速比范围大、挡数多。

行星齿轮机构通常由若干套行星齿轮组、离合器与制动器组成,由液压控制系统控制各离合器与制动器的动作,以实现各行星齿轮组的组合来得到不同的变速比。

71. 行星齿轮组的结构及工作原理是什么?

行星齿轮组主要由齿圈、行星架、行星轮和太阳轮组成,如图 1-18 所示。行星轮安装在行星架的行星轴上,同时与齿圈和太阳轮啮合,它既可绕本身轴旋转,又可在绕齿圈内侧滚动时围绕太阳轮旋转。

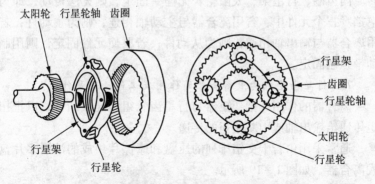

图 1-18 行星齿轮组

若以 n_1、n_2、n_3 分别表示太阳轮、齿圈和行星架的转速，z_1 和 z_2 分别表示太阳轮和齿圈的齿数，$\alpha = z_2/z_1$ 引为齿数比，则行星齿轮组有如下转速关系：

$$n_1 + \alpha n_2 - (1+\alpha)n_3 = 0$$

由上式可以看出，在太阳轮、齿圈和行星架这三个元件中，可任选两个分别作为主动件和从动件，而使另一个元件固定不动，或使其转速为某一固定值，则行星齿轮组可得不同的旋转速度和旋转方向，如表1-4所示。

表1-4 行星齿轮组各元件在各种状态下的旋转速度和旋转方向及传动比

状态	固定	主动件	从动件	旋转速度	旋转方向	传动比
1	内齿圈	太阳轮	行星架	转速下降	相同	$I_{13} = n_1/n_3 = 1 + z_2/z_1$ 大减速
2		行星架	太阳轮	转速上升	方向	$I_{31} = n_3/n_1 = z_1/(z_1+z_2)$ 大加速
3	太阳轮	内齿圈	行星架	转速下降	相同	$I_{23} = n_2/n_3 = 1 + z_1/z_2$ 小减速
4		行星架	内齿圈	转速上升	方向	$I_{32} = n_3/n_2 = z_2/(z_1+z_2)$ 小加速
5	行星架	太阳轮	内齿圈	转速下降	相反	$I_{12} = n_1/n_2 = -z_2/z_1$ 倒减速
6		内齿圈	太阳轮	转速上升	方向	$I_{21} = n_2/n_1 = -z_1/z_2$ 倒加速

将齿圈和太阳轮连成一体成为主动件，行星架为从动件，此时传动比为1，即为直接挡，整个行星齿轮组成为一个整体而旋转。内齿圈、行星架、太阳轮若无任一固定，则无法传动，即为空挡。三个元件中，若用离合器与主动轴相连，则为主动件；若用离合器与输出轴相连，则为从动件；若要使元件固定，则用制动带强制固定。

72. 行星齿轮机构中离合器的作用及工作原理是什么？

离合器的作用是把变矩器与行星齿轮组相连或断开，以把扭矩传递给输出轴或中断扭矩的传递。

通常采用由若干交错排列的压盘和摩擦片组成的油浸多片盘式离合器，如图1-19所示。

当液压油流进活塞缸内时，活塞克服弹簧力向前运动，使摩擦片与压盘接触而结合,从动轴与输入轴以同样的速度旋转。

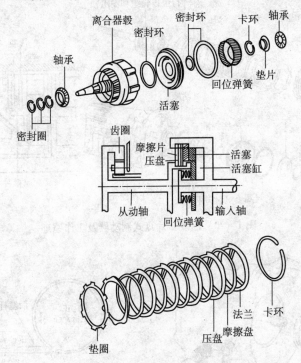

图1-19 离合器及工作原理

73. 行星齿轮机构中制动器的作用及工作原理是什么?

制动器用于使行星齿轮组中的某个元件(太阳轮、齿圈或行星架)保持固定,以得到需要的传动变速比。

制动器有两种型式,一种是油浸多片盘式,另一种是带式。油浸多片盘式制动器如图1-20所示。当液压油推动活塞向前运动,使摩擦片与压盘相互接触而结合,进而使行星齿轮组的元件被制动,固定于变速箱体内。

带式制动器如图1-21所示。当液压油克服外弹簧弹力推动活塞前进时,活塞杆随之一起向前运动,从而推动制动带的一端向里。由于制动带的另一端与变速箱体固定在一起,因而制动带的内径缩小,抱住制动鼓,使制动鼓固定不动。

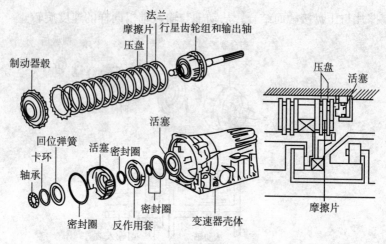

图1-20 油浸多片盘式制动器及工作原理

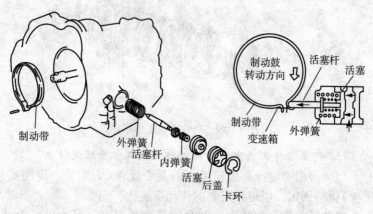

图1-21 带式制动器

74. 油泵的结构、工作原理是什么？

油泵位于液力变矩器后，在自动变速器壳体内。它使液压油产生一定的压力供给液压控制系统，并保证该系统内各零件的润滑。

液压泵有齿轮式、转子式和叶片式三种类型。应用较广泛的是内啮合齿轮式液压泵（图1-22），主要由主动齿轮2、从动齿轮3、月牙形隔板7和液压泵泵体4组成。

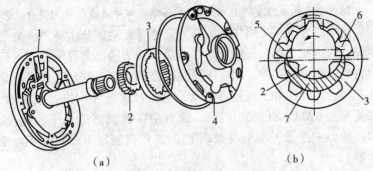

图1-22 内啮合齿轮式液压泵
1—液压泵盖；2—主动齿轮；3—从动齿轮；4—液压泵泵体；
5—进油腔；6—出油腔；7—月牙形隔板

在液压泵泵体上有进油口与滤网相通，其出油口处通过通道与有关的液压控制阀相通。月牙形隔板将主动齿轮和从动齿轮之间的工作腔分成进油腔和出油腔。

液压泵在液力变矩器泵轮的带动下工作时，主动齿轮带动从动齿轮以相同的方向旋转，在齿轮脱离啮合的一端形成吸油腔，通过进油口将油液吸入液压泵；在主、从齿轮进入啮合的一端，即出油腔，其容积由大变小，油压升高，液压油将以一定压力被泵出。

75. 液压系统的组成和作用是什么？

液压控制系统由油泵、阀体、电磁阀、各种类型的变速阀、离合器、制动器以及连接所有这些元件的液压油通道组成，如图1-23所示，其作用是将油泵输出的液压油分配给各元件，以控制各离合器与制动器的结合与松开，完成司机及司钻发出的换挡指令。

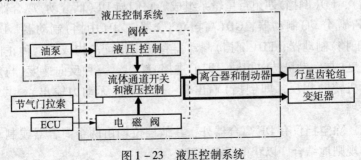

图1-23 液压控制系统

76. 修井机液力变速器传动部分由哪些部件组成？作用是什么？

目前，井下施工用修井机液力变速器传动部分主要由液力变矩器、液力减速器、行星齿轮变速箱和动力输出装置组成，出厂时将它们组装在一起，用液压控制离合器和制动器。它的优点是体积小，传动柔和，变矩系数大。修井机多数使用进口变速器，如艾里逊（ALLSON）S5610HR。随着中国机械制造水平的提高，国产液力变速器开始装备修井机，如贵州凯星BY502H液力变速器。

（1）液力传动元件

修井机常用的液力传动元件包括向心式单级二相综合式液力变矩器与液力减速器。

①综合式液力变矩器：液力变矩器由一个泵轮，一个装有单向离合器的导轮和一个涡轮组成。在启动、低速、换挡、负荷急剧变化及重载时处于变矩工况工作，能吸收、减弱来自发动机、负荷的振动和冲击。

由于导轮装有单向离合器，当导轮承受反方向（与涡轮转向相反）的扭矩时，导轮则固定不旋转，使通过导轮的液体动量矩增加，从而增大输出扭矩。

②液力减速器：液力减速器用于车辆下长坡时，达到快速减（缓）速的目的。

（2）机械传动元件——行星齿轮变速器

以BY502H为例，它由GF（高分动）、ZD（中挡）、DD（低挡）、FD（倒挡）四组行星轮系组成。它们与DF（低分动）离合器、GF（高分动）制动器、GD（高挡）离合器、ZD（中挡）制动器、DD（低挡）制动器、FD（倒挡）制动器有规则搭配。构成了六种正向速度（与发动机转向相同，即前进挡）输出，一种反向速度（与发动机转向相反，即倒挡）输出和一个空挡（无动力输出），共8个挡。

除空挡仅有DF离合器外，其他挡位均由两个离合器或制动器规则地结合，以获得所需转速。

在液力变速器中，所有离合器或制动器都采用液压油推紧摩擦片，弹簧复位和压力油冷却。在任意挡位上，当负荷低时，涡轮转速达锁止点转速，通过自动闭锁系统使锁止离合器工作；可以根据使用情况，选择手动闭锁方式，手动操作使锁止离合器工作。此时发动机功率直接通过涡轮输出轴传递到变速箱而构成机械传动，提高传动效率。

(3) 动力输出装置

变矩器带上方和侧向动力输出口，可以选择安装相应取力器，实现变矩器上方和侧向动力输出。

77. 修井机液力变速器液压控制系统由哪些部件组成？作用是什么？

(1) 动力机构——主油泵和回油泵

它们是联成一体的外啮合齿轮泵。由发动机带动，通过液力变速器内的齿轮传动，将具有一定压力和流量的油液提供给整个液压控制系统。

(2) 操纵及控制机构——各种控制阀及参数

①主压力调节阀。限定主油压压力值，防止主油压超压。在换挡时，保证压力油经此阀时有一油压渐升的过程，使离合器结合时冲击减弱，换挡平稳。并根据需要，分配一定量的油液供给变矩器工作。

②锁止阀、流量阀及皮托感应装置。锁止阀、流量阀及皮托感应装置(自动锁止用)共同组成锁止离合器的控制机构。当皮托感应油压达到一定值时，锁止阀工作，使锁止离合器结合，泵轮与涡轮形成刚性连接，提高了液力变速器在高转速比的效率，增宽了高效范围。流量阀的作用是在换挡过程中，使锁止离合器处于分离状态，液力变速器在变矩工况工作。

③中挡缓冲阀、空挡缓冲阀。根据节流排油达到压力渐升的原理，获得完善的缓冲效果，大大地提高了不同工况的换挡平稳性。

④手动换挡阀。手动换挡阀是一个多位换向阀，自下而上移

动阀杆(阀杆由两个钢球自动锁定),当上、下移动阀杆至某一挡位时,主压力油便流向相应挡位的离合器或制动器油缸,离合器或制动器开始工作,从而实现换挡。手动换挡阀挡位设置为:倒、空、一、二、三、四、五、六。

⑤变矩器安全阀、变矩器背压阀。限制变矩器中的油压值不致过高和过低,起保护作用。

⑥下坡减速器控制阀根据需要改变阀杆的位置,向减速器供油和切断供油。压下阀杆,即向减速器转子供油,转子遇到阻力,使涡轮输出轴快速减速,从而使液力变速器达到减速的目的。

(3)辅助装置

辅助装置包括油盘、滤油器、软管等,用于储存、过滤、输送油液,保证液力变速器正常工作。

78. XJ90 修井机用液力变速器的结构与工作原理是什么?

XJ90 修井机用 BY502H 液力变速器,它的机械变速机构是主、副变速箱串联而成。该机构有三个自由度,必须固定 2 个离合器或制动器,才有确定的速比输出。如图 1-24 所示。

(1)液压系统工作过程

发动机运转带动油泵工作使油液从油盘中抽出,通过滤油器进入主油压调节阀,进入主压力调节阀的压力油一路进入液力变矩器;另一路从该阀流到锁止阀和流量阀,通过流量阀的油液流到手动换挡阀。

例如空挡时:①手动换挡阀处于空挡位置,手动换挡阀把压力油液送到空挡缓冲阀和 DF 离合器。②随着管路中油压升高,DF 离合器工作;流量阀芯大直径一端向小直径一端移动,顶住阀体并停留在该位置,直到再次换挡时阀芯才移动。③随着主油压增大使空挡缓冲阀与阀柱停止工作。④当低负荷时,涡轮转速不断增大,皮托压力达到某一定值,锁止阀打开,一部分主油压通过该阀流入流量阀,再流入锁止离合器使之工作。这时液力变速器处于空挡锁止工况。

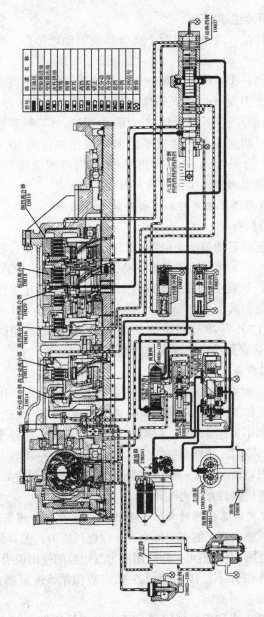

图1-24 液力变速器原理及液压控制示意图

（2）扭矩传递途径

在任意挡位，通过特定两个离合器或制动器接合，就能输出扭矩。

例如空挡：①手动换挡阀处于空挡位置，输入扭矩在液力作用下，通过液力元件传到涡轮输出轴。②由于 DF 离合器接合，DF 鼓轮、摩擦片、DF 离合器鼓、DF 太阳轮、GF 行星架无相对转动，并同时同速旋转。③扭矩由涡轮输出轴传到 GF 行星架，然后通过 GF 行星齿轮—GF 内齿圈—GF 内齿圈壳传到中间轴。④因主变速箱无离合器接合，故无扭矩输出。

79. 液力变速器使用时如何检查油位和油温？

（1）油位检查

液力变速器启动前油面（冷油面）应到油眼表满位，启动后在转速 1000r/min 下利用油液摩擦加热，待油温至 80～90℃时，油面（热油面）应达到油眼表的两刻线之间，以保证液压系统正常工作所需的油量和减少功率损失。最初时加油量约为 69L，换油时加油量约 55L（不计冷却系统的油量）。如使用分动箱时，油面（热油面）应达到分动箱油眼表的两刻线之间。

（2）油温检查

启动前，如果环境温度过低，应将油预热到不低于 10℃。

在额定工作条件下，油温在 80～90℃。液力减速器工作时，变矩器出口油温不高于 121℃。如果油温超过 121℃，应停车查明原因。如无外部原因，可换至空挡，使发动机以 1000～1200 r/min 空转，变矩器出口油温在 2～3min 内降至发动机的水温。如不降温，则有故障，需排除后方可再次开机。

80. 液力变速器使用时如何检查压力？压力如何调节？

应经常观察仪表上的有关压力表，检查其压力，尤其是主压力是否在规定范围（其数值可参阅所用液力变矩器的使用说明书）。

额定工作条件下，压力值可在规定数值的 5% 范围内波动。超过范围时须查明原因。

主压力低于或高于所规定值，可改变主油压调节阀中调整片的数量来实现。

变矩器出口压力应符合规定,这是保证变矩器正常工作所必须的,其压力受变矩器进口压力和冷却系统的影响,故调节背压阀和冷却系统可改变变矩器出口压力。

81. 液力变速器使用时换挡、运转过程中应检查哪些内容?

(1) 换挡检查

当液力变速器启动时和停止工作后,手动换挡阀应在空挡位置。

在空挡至一挡或倒挡时,发动机转速为怠速或低于1000r/min。

在前进挡中,从低速挡向高速挡和从高速挡向低速挡换挡时,允许带负荷情况下选择,但不得超过液力变速器允许的最大负荷指标。

(2) 运转检查

运转过程中,一旦发生不正常声响和换挡时出现冲击应查明原因。如泄油严重,功力衰减和出力不足应停车检查。

82. 液力变速器定期维护检查的内容有哪些?

检查紧固件是否松动,有无漏油以及冷却系统是否损坏等情况,对于漏油,不能只依靠拧紧有关紧固件来消除,必须查明原因,采取有效方法加以解决。

按工作环境经常清洗液力变速器外表面,以保持清洁,通气塞也应定期清洗(用无机溶剂清洗)。

油液通常每工作 800~1000h 应更换,但不论何时,如油中有污物、水和油液变色,必须及时排油并清洗,如有金属微粒,则须将液力变速器拆下,查明原因并清洗油路、滤油器以及金属微粒可能聚集的地方。

每次换油或液力变速器每工作 200h,应更换滤油器的滤芯,并应拆下油盘内的滤网,用无机溶剂和毛刷清洗干净。

检查油温及各挡主压力、变矩器出口压力等是否符合所用变矩器使用说明书规定之数值。

83. 液力变速器常见故障及排除方法有哪些？

表1-5列出了液力变速器可能产生的故障、原因及排除方法。

表1-5 液力变速器可能产生的故障、原因及排除方法

故障现象	可能产生的原因	排除方法
主压力低	(1)油位太低 (2)滤油器堵塞 (3)油路泄漏 (4)油泵磨损或损坏 (5)油起泡沫过多 (6)主油压调节阀弹簧太软或断裂	(1)加油到规定值 (2)清洗滤油器 (3)检查并堵漏 (4)更换有关零件或总成 (5)放油到规定值 (6)加调整片或更换弹簧
油温太高	(1)油位太低或太高 (2)冷却系统水位低或泄漏 (3)油路阻滞(过滤器、冷却器) (4)变矩器在低效区工作时间太长 (5)导轮卡住 (6)油泵磨损，油量减少	(1)加油或排油 (2)加水或堵漏 (3)清理管路或更换 (4)及时调挡使其在高效区工作 (5)检修导轮的单向离合器 (6)修理主泵
变矩器出口压力低	(1)油位太低 (2)滤油器堵塞 (3)油路泄漏 (4)油泵磨损或损坏 (5)油泵起泡沫过多 (6)背压阀卡在打开位置或弹簧失效	(1)加油到规定值 (2)清洗滤油器 (3)检查并堵漏 (4)更换有关零件或总成 (5)放油到规定值 (6)修理阀门或更换弹簧
某挡位无功率输出	(1)某挡位主压力低，离合器或制动器不能结合 (2)活塞密封圈损坏 (3)离合器打滑	(1)调整主压力和离合器或制动器压力 (2)更换密封圈 (3)检修或更换离合器的摩擦片
所有挡位被锁止	(1)锁止阀弹簧太软 (2)节流孔和单向阀堵塞，使阀芯不能移动 (3)变矩器出口压力太低，不能使锁止离合器返位	(1)调节弹簧的压缩量 (2)检查流量阀和单向阀 (3)调整变矩器出口压力

续表

故障现象	可能产生的原因	排除方法
功率衰减出力不足	(1) 发动机转速低 (2) 离合器打滑 (3) 变矩器在低效区工作 (4) 主压力低 (5) 油温高 (6) 油变质	(1) 提高发动机转速 (2) 调整主压力，检查密封圈和摩擦片 (3) 调整挡位使其在高效区工作 (4) 见主压力低的处理方法 (5) 见油温高的处理方法 (6) 换油
离合器或制动器结合慢	(1) 主压力低 (2) 活塞密封圈磨损	(1) 见主压力低的处理方法 (2) 更换密封圈
不正常声响	(1) 轴承严重磨损 (2) 离合器打滑 (3) 油泵、行星齿轮等部件损坏 (4) 缓冲阀堵塞或连接件松动	(1) 更换轴承 (2) 调整主压力，检查密封圈和摩擦片 (3) 检修有关部件 (4) 检修缓冲阀并紧固有关连接件
离合器或制动器过早磨损	(1) 主压力与离合器压力低，经常打滑 (2) 油起泡沫多，使油压不稳 (3) 缓冲阀失灵，使离合器结合冲击增大 (4) 离合器返回弹簧失灵，使离合器不能完全脱开而造成偏磨	(1) 调整主压力 (2) 放油到规定值 (3) 检修缓冲阀 (4) 更换弹簧
只一个挡位工作	工作的挡位离合器或制动器不能脱开	检修该挡离合器或制动器
主压力随发动机转速增高而剧增	主油压阀芯卡死	检修主油压调节阀

84. 角传动箱的作用及结构是什么？

角传动箱因其结构不同，所用部件不同，主要由箱体、输入轴、输出轴、一对伞齿轮、花键套、拨叉、链轮、接入盘等组成。多数修井机角传动箱通常位于传动系统的中部,其作用是减速并增大扭矩,改变动力传递方向。具体的作用与输出轴相连的部件有关。传动原理如图1-25所示。

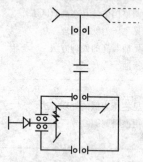

图1-26为修井机使用角传动示意图。动作原理是操纵拨叉机构使花键套滑至上端与伞齿轮内花键连接,输入轴与伞齿轮一起转动,动力经输出轴至一对伞齿轮到输出轴,再经链轮至绞车主滚筒,进行起下作业。当操纵拨叉机构使花键套滑至下端与接合轴内花键连接时,输入轴与接合轴一起转动,动力经输入轴至接合轴经

图1-25 角传动原理示意图

传动轴至后驱动桥驱动轮胎旋转。有的机型用此驱动转盘。当操纵拨叉机构使花键套在中位时动力将不传动。

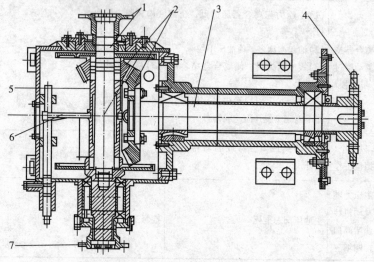

图1-26 角传动箱示意图
1—输入接盘和输入轴;2—伞齿轮;3—输出轴;4—链轮;
5—花键套;6—拨叉机构;7—输出接盘

85. 角传动箱常见故障及排除方法是什么？

角传动箱在使用过程中，要按要求润滑、检查、保养，发现问题及时处理，因其零部件较少，发生问题的主要是齿轮、轴承、紧固件等。

(1) 局部发热

缺少润滑油：检查并添加润滑油。

润滑油污染：更换润滑油。

轴承磨损：检修、更换轴承。

(2) 无动力输出

齿轮卡阻或损坏：检修或更换齿轮。

离合器损坏：更换离合器。

(3) 有异常响声

轴承磨损或损坏：检修、更换轴承。

齿轮磨损间隙大：检修、调整、更换齿轮。

齿轮盘松动：检修、紧固松动部位。

第五节　修井机绞车

86. 绞车由哪些部件组成？其主要作用是什么？

修井绞车是修井机的核心部件，大钩的起下都是由绞车完成的。绞车因修井机型号不同，结构有所不同，但基本上都是由以下部件组成：(1) 主滚筒总成，作用是缠绕一定量的钢丝绳，并靠主滚筒的正反转，带动游车大钩的上下，由滚筒轴、滚筒、刹车毂、链轮(或齿轮)等组成；(2) 刹车系统，用于制动滚筒，包括刹车带(钢带、刹车块)、平衡梁、曲柄轴、限位圈、调节丝杆、拉杆、刹把、紧急启动刹车机构等；(3) 离合器，多为轴向气囊推盘摩擦片式离合器；(4) 辅助刹车机构，多用在大型修井机；(5) 防碰天车；(6) 底座、支架、护罩；(7) 绞车毂冷却装置。

87. 主滚筒总成的结构如何？

主滚筒是用来缠绕卷扬游动系统钢丝绳的。它主要由离合器、滚筒体、刹车毂和轴等零部件组成，如图1-27所示。主滚筒的旋转是通过操作滚筒离合器的气控阀手柄来实现的，主滚筒离合器的气控阀为一种组合阀，安装在司钻操作台上。该组合阀不仅能控制离合器的离合，而且能控制发动机的油门大小。

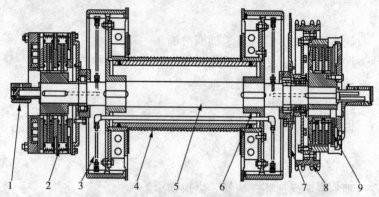

图1-27　21D滚筒总成

1—双导龙头；2—WCB辅助刹车；3—水冷系统；4—滚筒总成；5—轴；
6—连接盘；7—过渡法兰；8—链轮；9—离合器

88. 推盘离合器的结构和作用原理是什么？

推盘离合器主要由气囊、连接盘、摩擦片、压板、回位弹簧、中间齿盘等组成，如图1-28所示。该离合器是连接动力端与滚筒的重要部件，当操作室主滚筒阀挂合后，压缩气体经管线进入离合器气囊，气囊膨胀，推动压板与摩擦片接合，促使连接盘与中间齿圈、压板、摩擦片一起旋转，使滚筒旋转工作。当操作室主滚筒阀脱离时，离合器内的压缩气体经排气阀快速排放，压板和摩擦片在回位弹簧的作用下，恢复原位。

89. 刹车的结构及作用原理是什么？

目前修井机多用带式刹车，它主要由刹车轴、钢带、刹车块、平衡梁、曲柄轴、限位圈、调节丝杠、拉杆和把等组成，如图1-29所示。当刹车使用一段时间后，刹车块磨损到一定程度时，应及时进行调整。

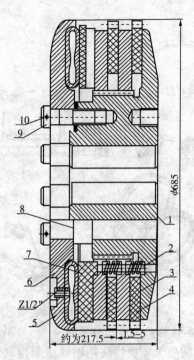

图 1-28 推盘离合器

1—连接盘；2—弹簧；3—中间盘；4—摩擦片；5—气囊；
6—固定盘；7—压板；8—调整垫片；9—螺钉；10—低碳钢丝

90. 刹车毂冷却装置的作用原理是什么？

刹车毂的结构不同，冷却原理不同，常用的有：

(1)刹车毂本身带有水腔，刹车毂采用封闭水循环自冷式，其水腔与外部水源通过龙头进行水循环，来降低刹车毂温度。

(2)刹车冷却装置主要由水罐、喷嘴、调压阀、脚踏阀等部件组成。下钻时，司钻踩下脚踏阀后，冷却水便由喷嘴喷出，喷在刹车毂的内壁上。其喷水量可由司钻控制，喷水量一般控制在刹车毂向地面滴水为宜，并应使用软化水。在环境温度低于0℃时，应在水罐内加入适量的乙二醇，以防冷却水和管路冻结。不允许滚筒停止转动时进行喷水冷却，防止刹车毂受到冻淬，毂面发生龟裂。

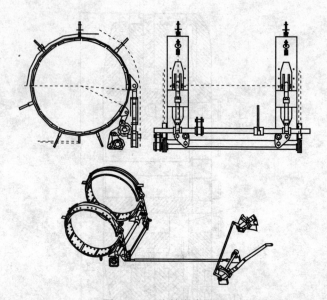

图 1-29 滚筒刹车总成

91. 防碰天车机构的工作原理是什么?

多数修井机防碰天车机构使用钢丝绳限位刹车装置来完成防止游动系统碰天车任务。当滚筒缠绳达到预设位置时,钢丝绳将安装在滚筒处的防碰阀打开,气路信号送到司钻台处的防碰天车控制阀,并使其动作送出两路压缩空气。一路将离合器气源切断并使离合器放气,使输入滚筒的动力断开,一路向刹车气缸供气,将滚筒制动。

防碰天车每次动作后,在确认机构部件完好、机构灵活好用后及时复位。防碰阀的安装位置出厂时已调好,如果更换大绳,防碰阀的位置应根据情况进行适当调整。

要求防碰天车机构应定期检查实验,以保证紧急情况能正常使用。司钻操作台上的防碰天车控制阀在修井作业时必须处于工作状态。否则,防碰天车刹车气缸将失去作用,造成事故。该系统是防范措施,不可频繁使用,应尽量及时防止大钩过量上升。

92. 绞车辅助刹车的结构及工作原理是什么?

目前常用的有水刹车、电磁涡流刹车等,它们的结构、原理及使用请参阅相关书籍。这里介绍一种使用更可靠方便的气控水冷盘式离合器，结构如图1-30所示。

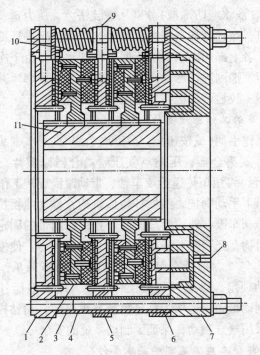

图1-30　气控水冷盘式离合器
1—安装法兰；2—摩擦盘；3—限磨套和调节环；4—定位套和调节环；
5—压力盘；6—推力盘；7—气缸体；8—气控接头（3处）；
9—冷却液接头（8处）；10—复位弹簧；11—轴齿套

该离合器通过安装法兰上的凹台和安装孔，用高强度螺栓牢固地安装在绞车机架上。

绞车滚筒轴与离合器的轴齿套内孔相配，滚筒轴、轴齿套和摩擦盘三者同步旋转，摩擦副产生的制动扭矩通过轴齿套传递到绞车滚筒轴上。

压缩空气分别从气孔进入气缸，活塞产生轴向推力，推动推力盘，克服弹簧力，使摩擦副间产生压力。进入气缸的压缩空气压力越高，摩擦副间的压力越大，摩擦扭矩就越大，从而使管柱的下落速度越慢,通过调节进气压力的大小,来控制管柱下落速度的快慢或制动。

冷却水(淡水或防冻液)分别从安装法兰、压力盘、推力盘下部的进水口,经过冷却水腔吸收摩擦热对摩擦副进行冷却,然后通过上述三者上部的出水口,流回到冷却水箱。由于冷却水的连续循环,对摩擦副进行冷却,进而提高了摩擦效率,减缓了摩擦副间的磨损,较显著地提高了摩擦片的使用寿命。

93. 绞车的工作原理是什么?

司钻操作手柄(或按钮),压缩空气由单向导气龙头进入气囊推盘摩擦片式离合器,压缩空气压紧离合器摩擦片,通过链轮(或内外齿盘)将扭矩传递给绞车轴,带动滚筒旋转工作。

司钻压下手动刹把,经杠杆传递机构,推动曲拐拉动刹带活动端,围抱刹车鼓,使滚筒减速或停止;在刹带的固定端,安装有平衡梁机构,经调整可平衡左右两刹带作用力,使左右两个刹车鼓受力均匀。刹把带有棘爪锁紧机构,打下棘爪,压紧刹把后,可自动锁定,以减轻司钻工作强度。由于平衡杆组件的作用,两组制动带同步运作。一旦机械操纵失效,司钻操纵紧急刹车气缸,采用气缸制动,保证了制动系统的安全可靠。

94. 合格绞车应满足哪些基本条件?

(1)滚筒轴上的轴向离合器摩擦片间的装配间隙为 1~2mm,总间隙控制在 4.5~6mm 之间,并应在充气和放气时能够迅速结合和脱开。

(2)离合器摩擦片间的同组回位弹簧,在自由状态时的高度尺寸误差不大于 0.5mm。

(3)离合器的传递扭矩应进行测试,在工作气压不大于 0.9MPa 时,离合器的传递扭矩应保证能提升通井机的最大钩载。当提升载荷超过最大钩载时,在最大钩载的 1.05 倍内离合器应处于打滑状态。

(4)主滚筒自身应有排绳槽。

(5)刹车带与刹车毂之间的间隙,在刹把完全松开时均应保持2~3mm。

(6)刹把的操纵力在大钩承受公称钩载时,不大于250N。

(7)绞车的滚筒出厂应做动、静平衡试验。

95. 绞车使用前应做哪些检查?

(1)起下钻操作前,应检查防碰天车机构,动作灵敏正确。

(2)检查绞车润滑系统,润滑油应足够。

(3)各固定螺栓无松动,各支座无裂纹,各护罩无渗漏。

(4)检查大绳,排绳整齐,无断股、断丝等现象,并定期润滑。

(5)检查司钻控制台各气动控制阀、液压控制阀功能正确、操作灵活、无泄漏。

(6)检查各气动、液压控制管路完好、无泄漏;主滚筒轴端的气动旋转接头转动灵活。

(7)各类压力表灵敏、指示准确;气压表压力 0.75~0.85MPa,液压表额定压力14MPa。

(8)指重表指示准确灵敏;当游车大钩无负荷悬停时,指重表指针指示位置应略大于大钩质量。

(9)检查调整刹车带,刹车块磨损剩余厚度不得小于15mm。刹车片与刹车鼓周边间隙3~5mm。

(10)检查刹车机构,灵活可靠,调整刹把高度,在水平夹角40°~50°间,压下刹把应能可靠地刹住滚筒。

(11)检查冷却喷水系统,主滚筒喷水冷却水管路连接正确,回路畅通,压力水箱有足够的冷却水(冷却液),气压表压力0.2~0.3MPa。

96. 司钻操作刹把必须遵守的操作规程是什么?

(1)操作时应集中精力。

(2)操作应平稳,严禁猛提、猛放、猛刹、猛顿。

(3)起下钻时,应根据大钩负荷合理选择挡位和提升速度。

(4)起钻挂合滚筒离合器时,主滚筒组合阀手柄向上推动,动作应熟练,即不得过度猛烈,又不能过于缓慢,柔和启动滚筒，并将手柄推到最大开度。禁止离合器半挂合状态下运转。

（5）起钻刹车时，应先脱离滚筒离合器，后压下刹把，刹紧滚筒。

（6）下钻刹车时，动作要快，严禁以半刹状态控制下放速度。严格控制下放速度，防止刹车突然失灵，造成顿钻。

（7）严禁设备在运行中加注润滑油、润滑脂。

97. 如何进行起下钻操作？

（1）起钻：右手控制刹把，左手控制主滚筒组合阀手柄，向上推动主滚筒组合阀手柄（该组合阀不仅能够控制滚筒离合器的分离和挂合，而且能够控制柴油机的油门。当手柄转过10°时，离合器进气，并挂合；当手柄继续向前推，柴油机油门将随着手柄旋转角度的增加而加大。组合阀手柄的位置，可以根据需要，停止在10°至终端的任何角度位置上；如果要摘开离合器，只需把手柄拉回到中间位置；若将阀的手柄从中间位置向后拉，这时只能控制油门的大小，而不能挂合离合器，这种操作只在进行上、卸扣或其他作业时才使用。油门的大小也可以根据需要进行选择，将手柄停在任何角度上，这种操作只在需要控制柴油机油门来进行其他作业时才使用），结合主滚筒离合器；逐步提高发动机转速，主滚筒开始旋转，同时右手适时放松刹把，游车大钩缓慢上升，当大钩缓冲弹簧被压缩后，加大油门，控制发动机转速到所用修井机要求的转速，大钩上升起钻；当大钩提升到上止点前，应降低上升速度，作好刹车准备；刹车时，左手控制主滚筒组合阀手柄回中位，主滚筒离合器脱离；右脚平稳抬起油门踏板，逐步降低发动机转速，同时右手适时压紧刹把，游车大钩缓慢停止。

（2）下钻时，右手控制刹把，左手控制主滚筒组合阀手柄，主滚筒离合器脱离，同时右手适时放松刹把，游车大钩下降，当单根余3~4m时，减慢下放速度，逐步压紧刹把，使吊卡平稳座落。

滚筒不工作时，应将刹带刹死，并将刹把固定。

98. 修井机绞车刹车活端在使用中应保持什么样的位置？

刹车刹紧后，活端（图1-31）的铰链C应位于铰链A和B连线的内侧,其距离为 25~38mm,这样刹车性能好。

在使用过程中,刹车块逐渐磨损,刹车和刹车毂之间的间隙逐渐增大;当刹车带刹紧后,活端出现(图1-32)铰链 C 虽位于铰链 A/B 连线的内侧,但与连线的距离大于38mm,此时刹车性能差,应进行调整。或图1-33 的情况时,铰链 C 位于铰链 A/B 连线的外侧,此时不能正常刹车,刹车性能变差,必须及时进行调整。

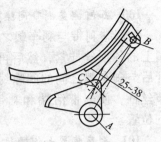

图1-31 刹车活端正确调整

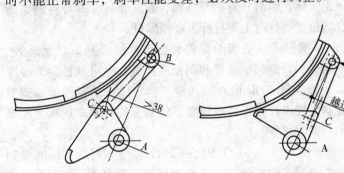

图1-32 刹带活端调整　　图1-33 刹车死端调整

99. 修井机绞车刹车死端在使用中应保持什么样的位置?

死端(图1-34)这时两根刹车的拉力相等。刹车死端出现(图1-35)的情况时,两根刹带受力严重不均,造成刹带块偏磨,影响刹车性能,也必须及时进行调整。

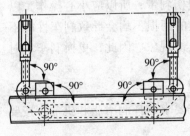

图1-34 刹带死端正确调整

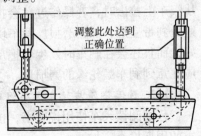

图1-35 刹车死端的调整

100. 如何调整刹带间隙？

先调整刹带与刹车毂之间的间隙，即将刹带刹紧，把限位圈上的各顶丝拧紧，然后再把各顶丝松开 2~3 圈。使刹带松开后与刹车毂之间的间隙约为 3~5mm，再调整刹带死端的调节丝杠，使刹带活端和刹带死端恢复到图 1-31 和图 1-34 的位置。

101. 刹车装置如何进行维护、保养？

（1）每班应保证刹车灵活好用。

（2）当刹把高度不合适时，可调节拉杆长度，因拉杆两端的丝扣是一正一反，因而只需松开备帽，旋转拉杆，即可将刹把高度调到合适位置，这时上紧拉杆上备帽即可。

（3）刹车的保养。适当的保养和合理的润滑刹车联动装置、销子、平衡件、紧急刹车装置和刹把或弹簧，也可延长刹车毂缘的寿命，一般应每 300h 检查一次键、销、螺栓是否松动。调节刹带应在刹车操纵杆处于释放位置，使刹车块与刹车毂缘之间保持适当的间隙时进行。

（4）刹车块应符合 SY/T 5023—2011 标准，当刹车块磨损到固定螺栓头与刹车毂接触时，应全部更换新刹车块，否则刹车块与刹车毂可能发生打滑并磨损刹车毂，造成设备损坏和人员伤亡。

（5）刹车毂缘和刹车块的快速磨损往往是由于刹带受到弯曲或扭曲造成的，而不是因为正常使用。为了更换刹车块而把刹带从绞车上拉出时，若操作过猛会损伤刹带，所以应小心操作，以避免刹带变形，加剧磨损。刹车块的磨损不均会导致刹车性能不好，而且还会在刹车时发生刹把反冲现象。因此，更换刹车块时应注意到刹车毂轮缘的磨损量。

102. 绞车润滑应注意哪些问题？

仔细阅读绞车使用说明书，按要求选择润滑脂和机油，按要求的周期检查、加油。

用油枪或油杯给光滑的轴颈或迷宫密封轴承加润滑脂时，应加到有少量油脂被挤出轴承外面。这样可以清除任何污物或磨蚀颗料，同时，由于外面有润滑脂，可起防止污物进入轴承的密封作用。若轴承有密封，应注意只加到足以更替用过的润滑脂，过多会损坏密封。若为装有盘根的轴承，在重装盘根以前，应拆开轴承并彻底清洗。

当改善润滑脂品种时要特别注意，把轴承中的旧润滑脂全部清除，否则两种不同基的润滑脂会互相作用，使稠度降低，造成油脂流出轴承。

当改用不同牌号的润滑油或改用具有不同添加剂的润滑油时，比较安全的办法是冲洗和清扫整个润滑系统。

冷天润滑注意事项有：链条盒在长期停用前，应用 10% ~ 20% 的柴油稀释链条盒润滑油；一旦修井机搬运结束和安装就绪，就空车慢转一定时间，然后放出机油和柴油的混合油并加入正常使用的机油；在任何情况下，开车前都要用轻便鼓风燃油加热器来加温链条箱和油池。凡装有油脂嘴的设备，注入时油脂枪应保温，在最初启动时，对设备作外部保温，或用连续工作保暖。

103. 绞车日常维护保养的内容有哪些？

（1）绞车的润滑应按规定及时进行。

（2）绞车起下钻时，为节约时间，有效地利用绞车的功率，避免零部件的损坏，应根据大钩的负荷，适当地选择提升速度。

（3）用猫头起重的负荷不得超过 20kN。用液压小绞车起重负荷不得超过额定负荷。

（4）滚筒刹车轮毂在过热时（特别是在深井起下钻时），禁止浇水，避免损坏刹车毂，但可在未发热前不断地淋水冷却刹车毂。

（5）每班工作时，应注意检查各滚动轴承的温度，如有过热现象，查明原因及时消除。

（6）每周应进行以下的检查和调节工作：

①调节一次刹车带螺丝,以保证刹车带松紧合适;刹车带销子应完好,刹车带不应摩擦刹车轮毂的边缘;刹车轮毂与刹车带片间严禁油脂浸入,若已浸污时,可用汽油洗净。

②检查滚筒钢丝绳,发现在一个扭矩长度上有10%的丝断裂时,就必须更换钢丝绳。

③当大钩位于最低位置时,滚筒缠绳不得少于9圈。

④检查并拧紧绞车底座和支撑轴承座的所有固定螺丝。

⑤每修完一口井,应进行一次绞车的全面清洁工作,若是小修作业则按动力机运行达 300~350h 与一级保养时共同进行。

104. 绞车日常检查保养的内容有哪些?

为了防止绞车的零、部件过早损坏,降低维修成本,减少停工时间,延长其寿命。应严格遵守并执行检查与保养所规定的项目。

(1) 每工作 24h 检查项目:

刹车系统调整是否正确,刹车是否可靠,刹车块是否需更换;链条盒油位是否正常。

(2) 每工作 100h 检查的项目:

①重复工作 24h 检查项目;

②检查各润滑点;

③检查各紧固件、键、销及连接件是否松动。

(3) 每工作 1000h 应进行一次全面检查,检查项目:

①重复工作 24、100h 检查项目;

②刹车块的磨损情况,磨损到固定螺钉与刹车毂接触前,应更换刹车块,否则将会发生事故;

③刹车毂的磨损情况,其表面有无裂纹,如有龟裂条纹且长度超过 100mm 时应及时更换。

④在检查的同时,应对其他的零、部件进行保养,发现损坏及磨损严重的零、部件应及时更换。

105. 刹把在使用过程中易出现哪些问题?如何解决?

刹把在使用过程中易出现的问题及解决方法如表 1-6 所示。

表1-6 刹把在使用过程中易出现的问题及解决方法

故障症状	引起故障的原因	检查及排除方法
压到最低位置,刹不住车	刹车片严重磨损 两端刹车带不平衡 刹车鼓被油污染 刹把调整过低 刹带活端调整不当	换刹车片 调整平衡 清除油污 调整刹把高度 调整刹带活端
抬起到最高时,大钩不下行,或下行很缓慢	刹车带与刹车鼓间隙小 刹车带与刹车鼓有摩擦 刹把调整不当	调整刹车带间隙 检修刹车带和刹车鼓 调整刹把

106. 滚筒刹车易出现的故障有哪些？如何排除？

滚筒刹车易出现的故障及排除方法如表1-7所示。

表1-7 滚筒刹车易出现的故障及排除方法

故障症状	引起故障的原因	检查及排除方法
刹车力不足	气压过低 刹车鼓间隙过大 刹车带磨损严重 刹车鼓被油污染 左右刹车带不平衡 主滚筒刹车鼓过热	调高气动压力 检修调整 检修更换 检查清理 检修调整 喷水冷却,加大喷水量
带式刹车失灵	刹带与刹车毂间隙过大 刹车活动端调整不好 刹车块磨损严重 刹车毂表面有油污	调整刹带与刹车活动端 调整刹车活动端 更换刹车块 清理油污并涂松香粉
大钩下放困难	刹带与刹车毂间隙太小 游动系统卡阻	调整刹带与刹车毂间隙3~5mm 检查排除卡阻现象
刹车带磨损过快	大钩下放速度过快 刹车鼓冷却不足 刹车鼓间隙过小	适当控制大钩速度 喷水冷却,加大喷水量 检修、调整
刹带一边刹车	刹带未调整正确	按要求进行调整
刹带刹住后不松开	刹车间隙过小	调整调节螺栓长度,调节刹带顶丝

107. 滚筒离合器易出现的故障有哪些？如何排除？

滚筒离合器易出现的故障及排除方法如表 1-8 所示。

表 1-8　滚筒离合器易出现的故障及排除方法

故障症状	引起故障的原因	检查及排除方法
未挂合滚筒离合器，滚筒转动	离合器摩擦盘间隙过小 离合器摩擦盘烧结	调整离合器摩擦盘间隙 更换离合器摩擦盘
摘开滚筒离合器后，滚筒仍然转动	离合器摩擦盘间隙过小 离合器摩擦盘烧结 气路未彻底断开	调整离合器摩擦盘间隙 更换离合器摩擦盘 检修气路和有关阀件
游车大钩提升时有打滑现象	离合器被油污染 气体压力不足 离合器摩擦盘间隙过大 离合器摩擦盘磨损严重	消除油污 调整气压 调整离合器摩擦盘间隙 更换离合器摩擦盘
绞车离合器高热、冒烟	离合器打滑 气囊漏气严重 系统气压不足 绞车本身的轴承卡死	调整或更换离合器片 更换、调整至要求的标准 检查气源气路，气源压力调整至 0.8MPa 检查更换新轴承

108. 绞车易出现的故障有哪些？如何排除？

绞车易出现的故障及排除方法如表 1-9 所示。

表 1-9　绞车易出现的故障及排除方法

故障症状	引起故障的原因	检查及排除方法
滚筒不转动	无动力输入	检查角箱、链条、传动齿轮、离合器是否好用
	刹车未松开	松开刹把、刹车弹簧回位
	气压不足	调整气压
	气囊破裂	更换气囊
	压板损坏	更换压板
	离合器未挂合	检查离合器
	离合器打滑	检查离合器
	中间齿盘间隙太大	重新按要求调整
	控制气阀不好用	检修气阀
	摩擦片表面有油污	清理油污并涂松香粉
	摩擦片磨损严重	更换摩擦片
滚筒空转阻力大	刹车调整不好	按要求重新调整刹车

109. 绞车链传动装置易出现的故障有哪些？如何排除？

绞车链传动装置易出现的故障及排除方法如表 1-10 所示。

表 1-10　绞车链传动装置易出现的故障及排除方法

故障症状	引起故障的原因	检查及排除方法
噪声过大	链轮未校正好 链条太紧或太松 润滑不够 外壳或轴承松动 链条或链轮磨坏 链条节距过大	检查校正情况并加以纠正 调节中心距使链条松紧合适或者加张紧轮 适当润滑，检查润滑系统。保证润滑油能润滑到工作部件上 上紧所有螺栓，如有必要则加固外壳 更换链条和(或)链轮(有些链轮可以反装) 查对链条传动装置的有关图表
链条卡在链轮上	使用不当或链轮磨损严重 传动链轮齿槽内堆积了杂质 用了重质的或黏性的润滑油	更换链条和链轮(有些链轮可以反装) 排除堆积的杂质 适当地清洗和润滑
链条抖动	链条过松 脉动负荷过大 有一节或多节链节的连接僵硬	装上链条拉紧装置或张紧轮，或者调正中心距 减少可能的脉动负荷，或换上强度适当的链条 更换僵硬的链节或者把销子往回打一打，使外侧链板之间有适当的间隙
链条僵硬	校正得不好 润滑不够，导致磨损 腐蚀 超负荷过大 链节之间的连接处堆积了杂质 外侧链板边缘弯曲	检查链轮和轴的校正情况 如果污脏或腐蚀，要取下链条进行适当地清洗和润滑 避免腐蚀 减小超负荷 加链条护罩，增加清洗和润滑次数 检查链条是否遭受其他碰击，并加以纠正

续表

故障症状	引起故障的原因	检查及排除方法
链轮齿断裂	链条护罩内有障碍物或杂质震动 负荷过大,特别对小的铸铁链轮来说更是如此 链条爬链轮齿	检查链条和链轮的间隙,除去杂质 减少过大的震动负荷或采用钢质链轮 换掉旧链条
开口销子脱落	震动 障碍物碰击开口销子 开口销子装得不适当	减少震动 排除障碍物,或轻轻往回打一打销子头,使开口紧靠到外链片上,或者采用铆接链条 纠正错误的安装

第六节 液压系统、气路系统、电路

110. 修井机液压系统主要由哪些部件组成?

修井机的液压系统主要由齿轮油泵、液压油箱、液压千斤顶、起升和伸缩油缸、支腿油缸、底座油缸、手动多路换向阀、液压小绞车、平衡阀、溢流阀等组成。图1-36为某种型号修井机的液压原理图。

111. 修井机液压系统的工作过程是什么?

修井机的齿轮油泵多数安装在液力传动箱后部壳体,变速箱、联轴套带动齿轮油泵工作,在齿轮油泵与传动箱连接处设有一油泵脱离、挂合机构,需要油泵工作时,向后拉力操纵手柄挂合油泵,不需要油泵工作时,向前推动手柄,脱离油泵。当油泵挂合后,从油泵流出的压力油通过主溢流阀再通过各多路换向阀,由6个单阀分别控制作业机的4个千斤顶,井架可起升、伸缩。操纵单向阀于"工况"位置时,即可把高压油液输出,带动液压动力钳、液压小绞车或其他辅助液压装置工作。液压系统原理如图1-36所示。

112. 修井机液压系统日常检查维护的内容?

液压系统投入使用前要进行强度试验,试验压力为设计工作

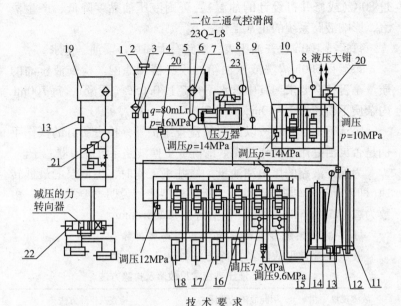

技 术 要 求

(1) 主液压系统工作压力 $p=14\mathrm{MPa}$，连续工作温度不得大于 90℃，转向液压系统工作压力 $p=12\mathrm{MPa}$；

(2) 系统用液压油：夏季　N68　抗磨液压油(出厂时加注)；
　　　　　　　　　冬季　N46　抗磨液压油；
　　　　　　　　　寒带　N46D　低凝液压油；

(3) 系统液压油用量：$0.620\mathrm{m}^3$(新车加油或换新油)

图 1-36　液压系统原理图

1—液压油箱；2—液压空气滤清器；3—旁通纸质滤清器；4—单向阀；5—齿轮泵；
6—球阀；7—自封式吸油滤油器；8—压力表(0~25MPa)；9—二联阀；
10—液压小绞车；11—伸缩油缸；12—针形阀；13—单向阀；14—压力表(0~16MPa)；
15—起升油缸；16—多路阀；17、18—支腿油缸；19—转向助力器油箱；
20—溢流阀；21—转向油泵；22—转向器；23—压力表(0~1.6MPa)

压力的 1.5 倍(多数修井机的额定工作压力设计为 14MPa，具体值可查看使用说明书)，保压 5min 不允许有压降和渗漏。

井架的起放和伸缩油缸应在全行程内运动平稳、同步。

液压油必须符合修井机使用说明书中的要求，系统符合 GB/T 3766—2001《液压系统通用技术条件》。

每班都要检查系统油温、油压是否正常。一般要求油温不超过 80℃（或修井机设计的油温），否则液压油黏度降低，产生蒸汽，影响液路系统的正常工作。

每运行 100h 检查油压表、液路有无损坏、漏油、进水。

每运行 500h 清洗液压油箱的呼吸器和滤网。检查液压油的质量是否符合要求，其中含水不得超过 0.05%（质量），每 100mL 内杂质不得超过 7~10mg。

每运行 1000h 除按以上两条检查维护外，检查所有的操作手柄是否灵活好用，动作可靠。清洗或更换液路系统滤清器芯子。

为保证液路的压力和油量，修井机工作时，主液泵的最低转速（即发动机的转速）不得低于所用机型使用说明书要求的值。多数为怠速 500r/min，作业（包括行驶）1200r/min。

113. 液压系统常见故障有哪些？如何排除？

液压系统常见故障及排除方法如表 1-11 所示。

表 1-11 液压系统常见故障及排除方法

故障现象	引起故障的原因	检查及排除方法
系统没有压力或压力低	油位低 压力表坏 没有接泵的动力 进油泵油滤堵 泵有故障 调压不准，溢流阀坏 泵的进油口漏气 取力器带泵离合器打滑 取力器本身没有动力输出	加油至标准位 校验压力表或换新 检查控制部分是否挂合 清洗进油滤清器 检修泵或换新 校溢流阀 检查修复 检修取力器 检查取力器输入动力和变速器输出部件
液压执行元件不动作	无压力 系统压力过低 控制阀内泄漏 执行机构卡阻 胶管断裂 油位太低 液压系统有空气	同上述检查排除方法 同上述检查及排除方法 检查更换控制阀 检修相应的执行机构 更换胶管 加注液压油 液压系统空循环排气

续表

故障现象	引起故障的原因	检查及排除方法
系统压力够，但井架液缸不能起升	控制阀本身的原因	检查控制阀的安全保护装置，可能卡住或弹簧弹力低，调整加垫，每次不能超过1mm
	液压工作缸的原因	检修液缸的活塞密封，必要时换活塞密封件
工作液缸起升时脉动	液缸本身有空气 其他原因 压力源工作不稳	排气至出油 检查起升时是否有外来的阻力 检查调整压力源、溢流阀和安全阀
升降液缸爬行	液缸内有空气 液压油油量不足	排气至出油 添加液压油

114. 修井机气路系统主要有哪些部件组成？

气路系统主要包括空气压缩机、安全阀、减压阀、气罐、分水滤气器、旋转导气接头、快排阀、司钻操作箱、防碰天车系统等，如图1-37所示。

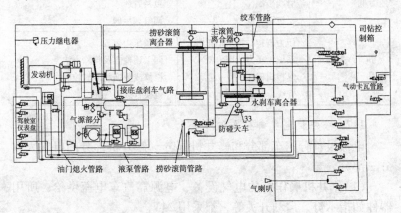

图1-37　350修井机气压控制原理图

115. 气路系统的工作过程如何？

气路系统工作压力为0.8MPa，工作气压最高不大于1MPa，

89

最低不低于 0.6MPa。空压机泵出的压缩空气储存在车底盘的储气瓶(两个气瓶的称为主气瓶)中。气路系统的气源由载车底盘的储气瓶引出,通过主管线分别向各分支气路控制阀提供压缩空气,通过控制阀控制气路执行元件的动作。在司钻的位置上装有气控操作箱,修井作业用的各控制阀均集中装在此控制台上,便于司钻及时控制各阀件(各控制阀功能均有标牌)。操作箱上有气压表以方便司钻及时观察气动控制压力。

116. 气路系统的检查、维护保养的内容有哪些?

气路主要控制着滚筒离合及其他气胎离合器、防碰天车,是修井作业施工过程中的控制机构,日常要按所用机型使用说明书中要求进行检查、维护和保养。保证气路畅通,气压稳定,管路完整不漏,执行器件灵活好用,指令执行准确到位。常见的故障及处理如表 1-12 所示。

表 1-12 气路系统常见的故障及处理

故障现象	引起故障的原因	检查及排除方法
系统无压力或压力低	空压机工作不正常 调压阀失灵 管线破裂 系统压力低	检修或更换空压机 检修或更换调压阀 更换管线 调整调压阀
执行机构不工作	压力表指针指示不正常 系统无压力或压力低 气控阀损坏 管线、气囊破裂	更换压力表 同上述检查及排除方法 检修或更换相应气控阀 更换管线、气囊

117. 修井机电气部分如何布局?

电器设备分汽车部分和修井机部分。修井机部分的电气大致分三部分。

(1)修井机操作台的电气设备、电源靠汽车电瓶供给,所用器件如指示灯、启动开关等,都采用 24V。

(2)修井机的照明电源为 24V,通过变压器获得。灯光采用抗震防爆灯如卤钨灯,多数机型为照明系统配备隔爆型照明电控箱。

(3)多数机型还专门配有冷车启动装置,在严寒的季节车不易启动或由于该机停机时间长不易启动,冷车启动装置即发挥作用,其核心器件为硅整流。

118. 电气系统维护保养的内容有哪些?

(1)电气系统的维修及保养必须由专业人员来进行。

(2)隔爆型照明配电箱、隔爆型分线盒和隔爆灯具的壳体和门的隔爆面必须始终保持洁净和完好,不允许出现锈蚀、磕碰和划伤现象。

(3)必须保证电气元件和操作机构的洁净及动作灵活,保持电路连接部件接触良好。

(4)搬迁后必须检查连接部位是否有松动现象,对主要连接部位进行紧固。

(5)每年至少要给防爆箱体的防爆面涂抹一次防锈油。

(6)接触器主触头磨损超过规定量时,应及时修理或更换,修理时应使用细锉修整,不得用砂纸打磨。

(7)定期检查系统的绝缘性能,发现问题应及时处理。

(8)在运行过程中应注意断路器、接触器、热继电器、负载及仪表等所出现的噪声或其他异常现象。

119. 电气系统使用过程中应注意哪些问题?

(1)系统安装前必须检查是否在运输过程中受到损坏,确定没有任何问题时,才能安装使用。

(2)检修或安装时必须切断电源。

(3)绝对禁止带电插拔插头/插座。

(4)将插头插入后,一定要把锁紧装置锁死。

(5)将插头拔下后,一定要把插头及插座的盖帽盖好并锁紧。

(6)每次安装完毕投入使用之前必须对下列项目进行检查:各种设备的电源电压是否与额定电压相符,接线是否牢固可靠;各种设备及系统的保护接地是否牢固可靠。

定期检查备用电磁启动器的保护器性能,例如进行断相试验、过载试验等。

如出现故障,请断电后检查隔爆型照明配电箱的开关是否到位、线路是否被砸伤、插接件接触是否良好，直至排除故障原因后，才能启动电动机，以免造成意外事故。

第七节　井架及修井机的使用

120. 起升系统有哪些部件组成？系统的作用是什么？

起升系统是修井机、钻机的核心，它包括绞车、井架、游动系统（天车、游车、大钩、钢丝绳）等。起升系统的作用是通过操纵绞车，通过钢丝绳将动力传递给大钩，使大钩上下运动和悬停，完成钻柱的起下、悬停及其他辅助作业。另外还能存放钻柱和常用手工具。

121. 井架的作用是什么？主要技术参数有哪些？

在修井施工中，井架的功用是安放天车，悬挂游车、大钩及专用工具（如液压钳），起下各类管柱、杆柱，在大修施工中下套管。一些井架在起下钻过程中，用以存放立根。

修井施工对井架的要求是：①应有足够的承载能力；②应有足够的工作高度和空间，以便能够迅速安全地进行起下一定长度的管柱（油管、油杆、钻杆或套管），并便于安放有关设备、工具、钻杆、油管，工作高度太小，会增加起下操作的次数并限制起升速度；③便于起放立升、拆装、移运和维修。

在进行井下作业时，特别是井下大修时，必须根据施工中预计的最大负荷，选择所需要的井架。同时，还要考虑到地理环境、气候条件以及修井机的性能状况，使其配套，以达到安全生产的目的。

主要技术参数有型号、最大钩载、井架高度、井架结构、井架倾角、井架前腿中心到井口中心距离、最大抗风能力等。

122. 井架的类型有哪些？

按井架类型分：整体式井架、伸缩式井架、折叠式井架。

按井架的可移动性分：固定式井架、可移式井架。

按结构特点分：桅杆式井架、两腿式井架、三腿式和四腿式井架。

钻井常用：塔形井架，此井架的本体是封闭的整体结构，整体稳定性好，承载能力强；∏形井架，它本体分成 4~5 段，各段一般为焊接的整体结构，段间采用锥销定位和螺栓连接，地面或接近地面水平组装，整体起放，分段运输，如 ZJ45D 钻机井架、A 形井架。

修井井架因其承载能力较小，运移方便，多用桅形井架。

123. 修井机常用井架的结构是什么？

修井机常用的是桅式双节伸缩式∏形结构的井架。我们把井架前扇敞开(修井机多为井架的下部前开口)，截面为∏形不封闭空间结构的称作∏形井架，如图 1-38 所示。

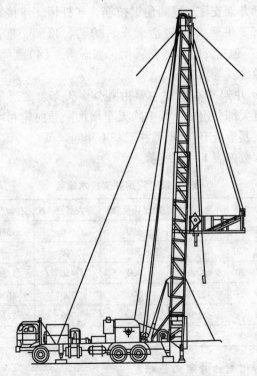

图 1-38　XJ250 修井机∏形伸缩式桅架

修井机配备的井架多采用双节套装结构，由井架上体、井架下体、固定式基架、承载机构、伸缩油缸、起升油缸、天车、梯子、大钩托架、二层台等组成。井架采用高强度结构钢焊接成型，符合国家有关规定或 API Spec4F《钻井和修井井架、底座规范》要求。

124. BJ-18 和 BJ-29 井架结构技术规范是什么？

BJ-18、BJ-29 井架在很多油田是与通井机配套使用的井架，由吊车或专门的井架立放运车搬运和立放。

BJ-18 井架为两腿式固定井架，将其按 97°角的标准立起后，支脚地面到井架顶面的垂直高度为 18M。主要由井架本体、天车、支座和绷绳四部分组成。各部分包括的主要部件是：（1）井架本体包括井架支柱、横斜角钢拉筋、连杆板、连接螺丝、井架梯子等。（2）井架天车包括天车、护栏、顶架、连接螺丝等。（3）井架支座包括支脚座、支脚销、底盘等。（4）绷绳包括绷绳、绳卡、花兰螺丝等。

BJ-29 井架基本结构主要由井架、天车、二层平台、支脚座、绷绳五大部分组成。其中除天车增加一导向轮和增加一个二层平台外，其他与 BJ-18 型井架基本相同。

技术参数如表 1-13 所示。

表 1-13　常用井架技术规范

井架型号	配套天车	井架高度/m	额定负荷/kN	最大负荷/kN	支脚距/mm	自重/t
BJ1-18	TC-50	18.28	400	600	1530	3.035
	TC1-50		500	700	—	3.625
BJ2-18	TC-30	18.28	300	450	1530	3.42
BJ-18	TC3-50	18.28	500	700	1530	3.42
BJ-29	TC1-50	28.9	500	700	2130	5.8
	TC3-50	—				5.347

125. 如何制作井架的基础？

井架基础的作用是使井架承受负荷后不会下沉、倾斜与翻转，在施工作业过程中要保持稳定性。井架基础的种类较多，主要有混凝土浇注、木方组装、管子排列焊接、混凝土预制等几种。在使用时除依据所承受负荷的基本条件要求外，还要考虑节省人力、物力和节省时间等因素。目前常用的BJ-18型井架多为管子焊接基础。

(1)采用活动基础，形状为凸字形，尺寸为0.8m×2.6m×(上0.5m，下1.0m)(高×长×宽)。

(2)基础水平度：用24in水平尺测量允许误差2mm。

(3)混凝土比例：用400号或500号普通水泥配制，比例均为1:3:5(水泥:沙子:石头)，基础面上水泥比例应稍加大。

(4)水泥凝固时间：冬季需保温，凝固时间96h以上，夏季48h以上。

126. 井架对地基有何要求？

放井架底座的地面应平坦略高，雨后不得积水，土壤应硬实平整，承载能力不得小于所用机型井架使用说明书要求数值。对黏土和松砂土地面，由于土质软较松(尤其在雨后，土壤的承载能力大大减小)，放置井架底座的地基应铺100~200mm厚的寸口石，并铺平或打水泥地基。

127. 作业施工使用井架的要求是什么？

(1)使用应在安全负荷范围内。

(2)在重负荷时不许猛刹、猛放。

(3)一般不允许超负荷使用，若需要超负荷使用时，应请示有关部门，并采取加固和安全措施。

(4)井下作业施工中(起下油管、抽汲、提捞)，每天8:00对天车、地滑车、游动滑车打黄油一次。

(5)所有黄油嘴保持完好，若卡、堵、坏，打不进黄油时，应及时修理或更换。

(6)发现井架扭弯、拉筋断裂、变形等情况时，应及时请示有关部门，鉴定处理后方可使用。

(7)井架使用中应经常检查各道绷绳吃力是否均匀，绳卡是否紧固，天车固定螺丝、井架连接螺丝等是否紧固。

(8)井架基础附近不能积水和挖坑。

128. 修井机对作业井场的要求是什么？

修井机作业井场基础地面应平整开阔，以井口为中心，以不小于1.2倍井架总高度为半径的范围内不得有影响修井机作业及安全的高压线、房屋建筑等；安放钻台、井架基础及支腿支座的区域，地面承载能力不应小于产品使用说明书的要求，不符合要求时应该用适宜办法加强；井口至井场边缘的坡度为 0.5% ~ 1.0%，以便于排水。

井场地锚的布置形式与承载能力应符合 SY/T 5202 的规定或产品使用说明书的要求。地锚应相对修井机纵向中心线对称分布。

129. 修井机整机在作业井场安装如何进行？

用于大修作业的修井机应使用牢固的底座，要保证井架与主机、钻台与主机的稳固连接。

调整修井机的停放位置，使其纵向中心线与地锚中心重合。修井机对正井口时，尾梁到井口的距离应符合产品使用说明书的要求。

脱开运载车的驱动，挂合台上作业动力输出。

按照使用说明书要求挂合液压油泵，操纵液压支腿控制阀将整机调平，并使各轮胎低于可承受的负载，用锁紧螺母锁定支腿。如有辅助机械支腿，应调整机械支腿使其受力并锁紧。

使用链轮驱动转盘时，两链轮共面误差不应大于中心距的 0.15%（一般不超过 3mm）。如果使用传动轴驱动转盘，传动轴的轴线与水平面的夹角不宜大于 10°。

转盘中心应与井口中心重合，转盘安装应保持水平。

130. 修井机井架起升前应做哪些调整和检查？

起升前调整：

载车与井口对中后，利用载车的四个液压调平千斤和水平尺把载车找平，旋紧锁紧装置，并将载车机械调平千斤顶好，使各轮胎减载，各千斤受力均匀。

撑好井架支腿上的千斤，然后检查井架支腿上的角度水平尺，调整井架支腿的前后倾角应符合 SY/T 5202—2004 中的规定。

起升前检查：

井架无变形、弯曲、开焊、开裂现象；游车大钩固定牢固；井架部件齐全、完好、可靠，清除异物；井架连接件、紧固件齐全、紧固。

松开前支架处井架固定装置。

将各个绷绳从井架挂钩上摘下，各钢丝绳无挂连、卡阻，钢丝绳技术性能指标应符合的有关规定；每根绷绳两端使用的绳卡规格应相同，安装方式、数量和尺寸应符合有关规定。

伸缩油缸的扶正器、衬瓦、弹簧齐全完好。

起升液缸销轴及保险销齐全，润滑良好。

井架上、下节承载块或承载销无卡阻，润滑良好。

液压、气压系统工作正常。液压油箱的油面符合要求。井架上照明电路、灯具齐全完好，电路防爆开关断开。

起升液缸排气：

打开起升液缸上部放气阀。抬起起升液缸控制阀手柄，向起升液缸充液，保持表压 2MPa，排尽缸内空气。控制阀手柄回中位，同时关闭放气阀。

131. 修井机立放井架的质量要求是什么？

（1）天车、游车工作正常，空载时游车大钩与井口中心偏差值不超过 40mm，偏差可通过机械调节丝杠调整。

（2）井架各连接部位锁销到位，固定牢靠，基础受力均匀，车身前后左右调整应达到水平。二层台及栏杆到位，承载块（销）到位，安全销安装可靠，绷绳受力均匀。

（3）各千斤板应摆放整齐，并平稳坐在千斤座中心位置。

132. 修井机立放井架有哪些安全要求？

（1）严格执行所立机型有关立放井架的操作程序和各项要求。

(2)必须进行井架的试起和试放,发现液压系统渗漏和液缸爬行,要停止作业,排除故障。

(3)立、放井架应有专人指挥,专人操作,专人观察。操作人员应经培训合格后上岗。

(4)在立、放井架期间,无关人员应远离井架,工作人员不应站立在井架下面。

(5)在井架上体伸出但没有锁紧前,派人上井架工作时,不应举升或下放井架,并指派专人在操作台监护。

(6)立、放井架作业不能在夜间、雷雨天或四级风(含四级风)以上的天气进行。

(7)在立、放井架过程中操作要平稳,不应有碰、挂及异响。若发生异常现象,应排除故障再继续立、放井架。

(8)每次立、放井架前后,应对井架进行全面详查,发现开焊、断裂等问题,立即停止作业。

(9)作业过程中,若发生井架失稳、失衡,应立即停止作业,查明故障原因,并排除故障。

(10)井架相对于载车大梁的倾斜度不得超过举升液缸的行程。

(11)在井架起升过程中,不应调整井架支腿的支撑千斤螺栓。

(12)扶正器到位方可继续伸出井架。在伸出井架过程中,同组扶正器的瓦片应对齐。

(13)井架上体伸出完毕后,应操控伸缩液缸控制阀手柄,当确认井架上体坐到承载块上时,手柄方可置中位。

(14)不应采用调整绷绳或液压千斤的方式,进行对准井口操作。

(15)井架在竖立状态,不应操作支腿液缸控制阀手柄。

(16)井架上体缩回和井架放倒过程中,发动机不能熄火。

(17)按相关规定,定期由具备检验资质的机构对井架进行检测。

133. 如何正确使用修井机？

修井机的使用包括：运移前的准备，发动机启动，驾驶操作，安装前的准备及安装，设备调试，井架立放，绞车的正确使用，日常的检查及保养等内容。因修井机的型号不同，操作和检查保养的内容不尽相同。要求使用者在熟悉修井机各部件的结构原理及相应的操作规范的同时，详细阅读修井机使用说明书，认真执行井下作业施工的操作规程，正确的使用修井机。

第二章　游动系统和旋转设备

第一节　游动系统

1. 天车的作用是什么？游动系统的有效绳数如何计算？

天车是固定在井架顶部的定滑轮组，它主要由天车轴、滑轮、底座和侧板等组成。现场使用的天车根据轴的个数，分为单轴天车和多轴天车。

将天车、游车大钩用钢丝绳串联起来，使其能在井架内上下运动的设备称为游动系统。天车是由若干个滑轮组成的定滑轮组；游车是由若干个滑轮组成的动滑轮组。

从绞车滚筒到天车的钢丝绳称为活绳；从天车到地面（固定端）的钢丝绳称为死绳；其余穿过天车－游车的钢丝绳称为有效绳。当钢丝绳穿满游车轮后，有效绳数等于2倍的游车滑轮数。如3×4的游动系统有效绳数为6，4×5的游动系统有效绳数为8。

2. 单轴天车的结构如何？

单轴天车是现场使用较多的一种天车，固定式井架和通井机井架均采用这种天车。典型的如 XJ 30G 型天车，其结构如图 2-1 所示，它由4个滑轮和1根滑轮轴等组成。4个滑轮穿在1根轴上，轴通过轴承座固定在焊接的天车座上。天车底座的工字钢梁焊接在小架子上，滑轮与滑轮轴之间装有8个双排滚珠轴承。天车架的上下都有用钢板制成的加围板，上加围板安装滑轮轴承体，下加围板则在天车装在天车台上时，使天车架的各梁处于水平状态。天车架的两端有挡板用螺母紧固天车轴，为防止螺母松动和天车轴转动，采用止动垫圈和稳钉止动。为保护滑轮和防止钢丝绳跳槽，天车上部装有护罩。

滑轮与滑轮之间装有间隔环，轴承的内外套之间装有注油隔环与弹簧圈顶紧定位。

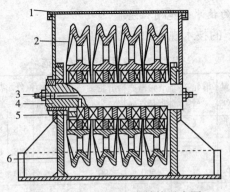

图 2-1　XJ30G 型天车结构示意图

1—护罩；2—滑轮；3—黄油嘴；4—天车轴；5—轴承；6—底座

滑轮轴承采用单独润滑，从轴两端油嘴进来的润滑油经注油隔环的槽孔进入轴承内。为防止黄油漏失和脏物进入轴承，每个滑轮轴承两边都装有防尘盖。

3. 多轴天车的结构如何？

多轴天车是引进国外先进车装式修井机采用的一种天车。它的优点是减轻了单轴的承受负荷，减少了钢丝绳的偏磨，提高了游车大钩的平稳起下。XT350 型修井机的天车（图 2-2）共有 5 个滑轮，分别由 4 根轴支撑固定。捞砂轮为抽汲捞砂所用，1 轮和 4 轮的轴相似平行于游车轴，2 轮和 3 轮的轴相似垂直于游车轴，集中体现了钢丝绳平行和交叉的优点。

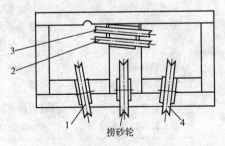

图 2-2　XJ350 型修井机天车示意图

图中数字 1-4 为滑轮编号

4. 天车的技术规范有哪些?

部分天车的技术规范如表2-1所示。

表2-1 常用天车技术规范

型号	起重量/kN	滑轮数/个	滑轮槽底直径/mm	滑轮轴直径/mm	滑轮绳槽宽/mm	外形尺寸/mm 长	宽	高	质量/kg
C-1500	400	5	600	170	25	648	814	777	770
红旗-100	400	5	600	170	25	648	814	777	800
XJ-30G	300	4	500	90	18.5	750	575	600	263
黄河-30	300	4	340	90	24	1300	450	400	—
TC$_2$-50	500	4	600	—	24	890	750	760	890
C-1000	300	4	435	105	22	620	1505	520	234
2A-312	800	4	672	130	28	764	791	791	568

5. 天车在使用过程中常见故障及排除方法是什么?

天车在使用过程中常见故障及排除方法如表2-2所示。

表2-2 天车常见故障及排除方法

故障现象	引起故障的原因	检查及排除方法
天车滑轮轴发热	润滑不良 轴承配合松动 密封圈损坏	清洗、检修润滑系统 调整或更换轴承 更换密封圈
天车滑轮转动有噪声	轴承严重磨损 滑轮轴磨损 滑轮转动干涩	更换轴承 检修或更换 调整、检修
天车滑轮转动相互干涉	滑轮轴向间隙小 两滑轮间有摩擦	调整间隙 检修
天车滑轮偏侧磨损	快绳轮长期使用产生偏磨 游车轮各转速不同	快绳轮定期倒向调整 游车轮定期倒换位置
天车滑轮卡死	有异物 轴承烧死	检修、清洗 更换轴承

6. 游动滑车由哪些部件组成?

游动滑车由一组滑轮组成(一般滑轮的数目为3~4个),同装在1根游车轴上,排成一列,如图2-3所示。起重量为300~1176kN,自身质量为290~1000kg,适用的钢丝绳直径为18.5~22mm。

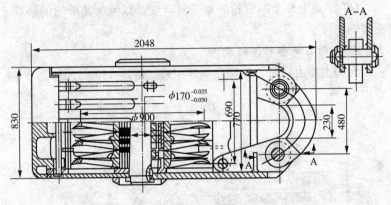

图2-3 游动滑车结构示意图

游动滑车的作用是通过钢丝绳与天车组成游动系统,使从绞车滚筒钢丝绳来的拉力变为井下管柱上升或下放的动力,并有省力的作用。

7. 游动滑车在使用过程中应注意哪些问题?

游动滑车由于种类较多,规格不同,使用时需进行合理选择,确保在安全负荷范围内使用。

(1)在使用中最大负荷不能超过游动滑车的安全负荷。

(2)游动系统使用的钢丝绳直径必须与游动滑车轮槽相适应,不能过大或过小。

(3)在未安装前或使用一段时间后应加注黄油。

(4)滑轮护罩上的绳槽应合适,以免钢丝绳通过时受护罩的磨损而缩短使用寿命。

(5)游动滑车使用一个时期后,应将滑轮翻转安装一次,防止某一个方向磨损太厉害，使滑轮磨损程度趋近一致。

（6）在进行装卸、上吊或下放时必须小心谨慎，以免将轮槽边碰伤损坏。

（7）进行起钻时必须注意，以免使游动滑车碰到天车或指梁上。

（8）游动滑车上的滑轮必须经常清洗，以免加速滑轮的磨损，损害钢丝绳。

8. 大钩由哪些部件组成？

大钩主要由钩身、钩座及提环组成，DG-130大钩如图2-4所示。

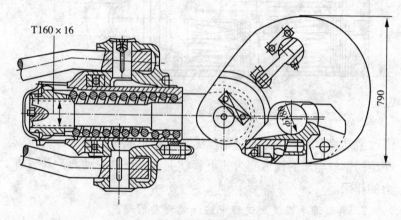

图2-4　DG-130大钩结构示意图

目前在现场上使用的主要是三钩式大钩，即有一个主钩和两个侧钩。主钩用于悬挂水龙头，两个侧钩用于悬挂吊环。

三钩式大钩和游动滑车组合在一起构成组合式大钩（也称为游车大钩）。组合式大钩的主要优点是可减少单独式游动滑车和大钩在井架内所占的空间，当采用轻便井架时，组合式大钩更具优越性。YG30游车大钩的结构如图2-5所示。

大钩的作用是悬吊井内管柱，实现起下作业。一般大、中修常用大钩的负荷量为294~490kN。

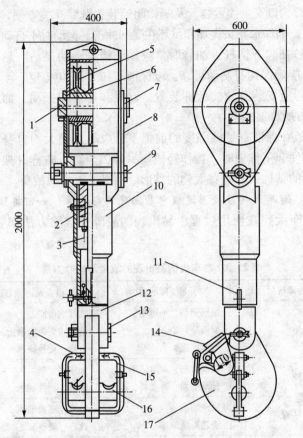

图 2-5 YC30 游车大钩结构示意图

1—黄油嘴；2、6—轴承；3—弹簧；4—销；5—滑轮；7—游车轴；
8—侧板；9—销轴；10—钩筒；11—定位销；12—钩杆；
13—螺栓；14—安全销；15—销臂；16—心轴；17—钩体

9. 大钩的使用要求有哪些？

大钩是在高空重载下工作的，而且受往复变化的震动、冲击载荷作用，工作环境恶劣。使用时的要求如下：

（1）使用时要进行合理的选择，大钩应有足够的强度和安全系数，以确保安全生产。

105

(2)钩口安全锁紧装置及侧钩闭锁装置既要开关方便,又应安全可靠,确保水龙头提环和吊环在受到冲击、振动时不自动脱出。

(3)在起下钻杆、油管时,应保证钩身转动灵活。悬挂水龙头后,应确保钩身制动可靠,以保证卸扣方便和施工安全。

(4)应安装有效的缓冲装置,以缓和冲击和振动,加速起下钻杆、油管的进程。

(5)在保证有足够强度的前提下,应尽量使大钩自身的质量小,以便起下作业时,操作轻便。另外,为防止碰挂井架、指梁及起出的钻柱、管柱,大钩的外形应圆滑、无尖锐棱角。

10. 游车大钩在使用过程中易出现哪些故障?如何排除?

游车大钩在使用过程中易出现的故障及排除方法如表2-3所示。

表2-3 游车大钩易出现的故障及排除方法

故障现象	引起故障的原因	检查及排除方法
滑轮发热	缺润滑脂、油道堵塞 润滑脂污染 轴承磨损	加注润滑脂 清洗、更换润滑脂 检修、更换轴承
滑轮不转动	缺润滑脂、油道堵塞 轴承磨损	加注润滑脂 检修、更换轴承
滑轮有异响	轴承磨损 滑轮组间摩擦	检修、更换轴承 检修、调整
护罩抖动异响	滑轮护罩变形 滑轮护罩松动	检修、校正 检修
大钩缩回行程减小	弹簧疲劳 弹簧断裂	更换弹簧 更换弹簧
钩口安全装置失灵	滑块、拨块变形 弹簧断裂	检修、更换配件 更换弹簧
钩身制动装置失灵	制动销弯曲变形 弹簧断裂	检修、更换配件 更换弹簧
钩身转动不灵	缺少润滑脂 润滑脂污染	加注润滑脂 清洗、更换润滑脂

11. 钢丝绳的结构如何？

修井使用的钢丝绳与一般起重机械使用的钢丝绳结构相同，它是由若干根相同丝径(有的丝径不同)的钢丝围绕一根中心钢丝先搓捻成绳股，再由若干股围绕一根浸有润滑油的绳芯搓捻成的钢丝绳。

钢丝采用优质碳素钢制成，其丝径多为 0.22~3.2mm。绳芯有油浸麻芯、油浸石棉芯、油浸棉纱芯和软金属芯等。

钢丝的作用是承担载荷，绳芯的作用是润滑保护钢丝，增加柔性，减轻钢丝在工作时相互摩擦，减少冲击，延长钢丝绳的使用寿命。

12. 修井常用钢丝绳的类型有哪些？

钢丝绳的分类方法较多，若按捻制方法分有右捻、左捻、顺捻、逆捻。右捻：钢丝捻成股和股捻成绳时，由右向左捻制的钢丝绳，以代号"Z"表示。左捻：钢丝捻成股和股捻成绳时，由左向右捻制的钢丝绳，以代号"S"表示。顺捻：也称同向捻，指钢丝捻成股与股捻成绳的捻制方向相同，用符号 ZZ 或 SS 表示。逆捻：也称交互捻，指钢丝捻成股与股捻成绳的捻制方向相反，用符号 ZS 或 SZ 表示。石油工程中常用左交互捻和右交互捻两种形式的钢丝绳。在用户无特殊要求时，一般均按左交互捻供货。捻制与截面形式如图 2-6 所示。修井施工中的起升大绳，一般常选用 6 股×19 丝左交互捻制成的纤维绳芯钢丝绳。

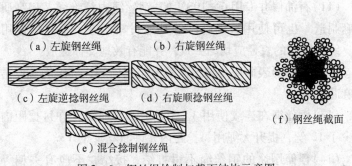

(a) 左旋钢丝绳　　(b) 右旋钢丝绳

(c) 左旋逆捻钢丝绳　　(d) 右旋顺捻钢丝绳

(e) 混合捻制钢丝绳

(f) 钢丝绳截面

图 2-6　钢丝绳捻制与截面结构示意图

13. 钢丝绳使用时有哪些要求?

(1)钢丝绳必须采用符合国家有关标准要求的盘条钢制造，其化学成分中硫、磷含量不得大于 0.035%。

(2)钢丝绳直径的极限偏差不得超过 $\phi(0.80 \sim 1.6)$ mm $\pm$ 0.020mm，$\phi(1.6 \sim 3.7)$ mm ± 0.030 mm。

(3)钢丝椭圆度不得超过钢丝公称直径公差之半。

(4)钢丝表面在全长上应光滑、清洁，不得有裂纹、竹节、斑痕、腐蚀和划痕等缺陷。

(5)钢丝制股后，股应均匀紧密地捻制，不得有股丝松动现象，股中心钢丝的尺寸应能充分有效的支撑外层钢丝，股中钢丝接头应尽量减少，在必须接头时，应采用熔焊。接头处钢丝直径不得过大、发脆，接头间距不得小于 5m。

(6)股制成绳后，钢丝绳各股应均匀紧密地捻制在绳芯上，但允许股间有均匀的间隙。

(7)在同一条钢丝绳中，各层股的捻距不应有明显差别。

(8)钢丝绳内不得有断裂、折弯、交错、锈蚀的钢丝。

(9)制成的钢丝绳不应松散，在自由展开状态下，不应呈波浪状。

(10)钢丝绳及股的捻距不应超过 $7.25 \times$ 绳径$(D)/10 \times$ 股径。

(11)石油修井专用 $6 \times 19S + NF$ 钢丝绳内纤维绳芯用高质量剑麻制造，也可使用聚丙纤维等其他材料制造，不允许使用黄麻。纤维绳芯的直径应均匀一致，并能有效地支撑绳股。

(12)钢丝绳表面应均匀地涂敷专用表面脂，纤维绳芯浸透专用麻芯脂。

(13)钢丝绳在连续使用 $3 \sim 5$ 月后，绷绳应允许每捻距内断丝少于 12 丝，提升大绳用每捻距内允许断丝少于 6 丝。

(14)任何用途的钢丝绳不得打结、接结，不应有夹偏等缺陷，原则上用于绷绳的钢丝绳不得插接。

(15)任何用途的钢丝绳,均不得有断股现象。

(16)提升大绳使用5~8井次,应倒换绳头一次,必要时可由井架死绳端切断1~3m。

(17)当游动滑车放到井口时,大绳在滚筒上的余绳,应不少于15圈,活绳头在滚筒上固定应牢靠。

(18)大绳死绳头应该用不少于5只配套绳卡固定,卡距150~200mm。

(19)不得用榔头等重物敲击大绳、绷绳。

(20)长期停用的钢丝绳应该盘好、垫起,做好防腐工作。

第二节 转盘

14. 转盘的作用是什么?

转盘是修井施工中驱动钻具旋转的动力来源。修井时用修井机发动机为主动力,驱动转盘转动,转盘则带动钻具转动,用来进行钻、磨、铣套等作业,完成钻水泥塞、侧钻、磨铣鱼顶及倒扣、套铣、切割管柱等施工。

大修中常用的转盘按结构形式,可分为船形底座转盘和法兰底座转盘两种形式。按传动方式分有轴传动与链条传动两种形式。目前,大修井施工中经常使用车载修井机、自背式伸缩井架和钻台,钻台上配有专用轴传动转盘。就传动方式而言,链条传动的法兰底座式转盘结构比较简单,链条传动的船形底座转盘与链条传动普通撬装底座转盘结构大体相同。一般情况下,修井队使用履带式通井机修井作业时,常配套使用链传动船形底座或普通撬装底座转盘。

转盘代号"ZP"是转盘二字汉语拼音的第一个字母。转盘型号的主参数用转盘通孔直径(mm)表示。

15. 修井常用转盘的主要技术参数有哪些?

常用转盘的主要技术参数如表2-4所示。

表 2-4 转盘的主要技术参数

参数\型号	ZP135	ZP175	ZP205	ZP275
通孔直径/mm	$312(13\frac{1}{2} \text{ in})$	$444.5(17\frac{1}{2} \text{ in})$	$520(20\frac{1}{2} \text{ in})$	$689.5(27\frac{1}{2} \text{ in})$
最大静负荷/kN	1350	2250	3136	4500
最大工作扭矩/(kN·m)	24	14	23	28
最高转速/(r/min)	350	300	300	300
齿轮传动比	3.5	3.35	3.68	3.667
外形尺寸(长×宽×高)/mm×mm×mm	1700×890×380	935×1280×585	2053×1400×605	2417×1680×686
质量/kg	1240	3890	4180	6773

16. 转盘的结构及工作原理是什么?

转盘实质上是一个特殊结构的角传动减速器,它将发动机的水平旋转通过传动机构及减速机构变为转台的垂直旋转运动。修井常用的各种伞形齿轮转盘虽然型号不同,但结构及工作原理基本相同,现以 ZP275 转盘为例介绍转盘的主要结构。

如图 2-7 所示。它主要由箱体 1、转台 4、主轴承 3、副轴承 14、齿圈 2、输入轴总成、锁紧装置、方瓦 6 等部分组成。

箱体 1 是铸焊组合件,是由铸钢底座与金属结构件组焊而成。铸钢底座也作为润滑螺旋锥齿轮和轴承的油池。

转台 4 是一个铸钢件。通孔直径表示通过的钻具和套管柱最大直径。为了旋转钻杆柱,在转台的上部有方座,方瓦 6 安装在方座内。方钻杆补心放在方瓦内,靠方瓦四方的带动将扭矩传递给钻杆。在转台的下部用螺栓固定压紧圈 17。

转台用主轴承 3 支承在底座上。主轴承是径向止推球轴承,它承受钻杆柱和套管柱的全部负荷。

副轴承 14 也是径向止推球轴承,它用压紧圈 17 安装在转台

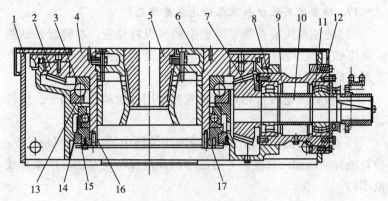

图 2-7 转盘结构示意图

1—箱体；2—大齿圈；3—主轴承；4—转台；5—方补心；
6—方瓦；7—小锥齿轮；8—轴承Ⅰ；9—轴承套；10—主动轴；
11—轴承Ⅱ；12—调整垫片Ⅰ；13—调整垫片Ⅱ；
14—副轴承；15—迷宫环；16—调整垫片Ⅲ；17—压紧圈

的下部，通过它使转台支承在底座上。副轴承用来承受来自井底向上的冲击载荷，副轴承的轴向间隙是由转台和下座圈间的调整垫片 16 来调整的。

转台是靠一对螺旋锥齿轮副来传动的。大齿圈 2 安装在转台上，小锥齿轮 7 装在主动轴 10 的一端，轴则支承在装在一个轴承套 9 内的两个轴承 8 和 11 上，一个是向心短圆柱滚子轴承，另一个是向心球面滚子轴承。在轴的另一端可装有一排或双排链轮，也可以用法兰和传动轴连接，构成一个输入轴总成。

为了调整一对螺旋锥齿轮副的啮合间隙，主轴承下有调整垫片 13，轴承套法兰上有调整垫片 12。

在转盘的顶部，装有制动转台向顺时针和向逆时针方向转动的锁紧装置——左右锁紧块和操纵杆。当制动转台时，左右锁紧块之一被操纵杆送入转台止动槽位中的一个槽位，即可实现转台某一方向的制动。

17. 转盘使用维护和保养的内容有哪些?

(1)使用前应检查锁紧装置上的操纵杆位置,在转盘开动前应在不锁紧的位置,因锁紧着的转盘在开动时可使转盘内零件产生严重的损坏。

(2)检查固定转台和补心的方瓦所用的制动块和销子,应转动灵活。

(3)检查转盘润滑情况,检查底座油池中的油位和机油状况,检查油标所示油面高度,务必使油面高度保持在量油杆所示刻线范围内。

(4)检查转盘补心与井口(井眼)中心偏差不超过2mm,方瓦应安放固定牢靠,方补心安放就位后,应用螺栓对穿并上紧。

(5)启动转盘时要平稳操作,检查伞齿轮的啮合情况。响声是否正常,应无咬卡和撞击现象。

(6)重载荷时,应先慢转,后逐步加速,严禁超负荷、超速旋转。

(7)转盘停稳后操作人员方可进行上卸扣操作,严禁使用转盘蹩扣和上扣。

(8)经常检查转盘油池和轴承温度是否正常。

(9)定期检查链轮是否有轴向位移,如有则用螺栓固紧轴端压板。

(10)检查转盘的密封性。因为外界的泥浆、污水进入转盘内部,会加速齿轮和轴承的磨损,迅速破坏转盘的正常工作。

(11)润滑:伞齿轮副、所有轴承采用油池的油飞溅润滑,使用L-CKDZZOT重负荷齿轮油(1sozzo),每2个月更换1次润滑油。锁紧装置上的销轴采用黄油枪注入3号锂基(GB 7324—2010)润滑油,每周1次。

18. 转盘在使用过程中常见的故障有哪些?如何排除?

常见故障及排除方法如表2-5所示。

表 2-5 转盘常见故障及排除方法

故障现象	引起故障的原因	检查及排除方法
转盘无法转动	锁紧装置没有松开 轴承卡死或烧坏 传动齿轮损坏 前级传动部分故障	松开锁紧装置 更换轴承并加足润滑油 更换齿轮 检查前级传动故障
转盘壳体发热(温度超过70℃)	油池缺油 油池润滑油污染 转台迷宫圈磨损,漏钻井液	及时加注润滑油 清洗更换润滑油 调整、检修
转盘局部壳体发热	转盘中心偏移井口 转盘偏斜 转台迷宫圈偏磨	调整、校正 调整、校正 调整、检修
转台轴向移动	主轴承、防跳轴承间隙大 转台迷宫圈故障 输入轴承损坏	调整间隙 检修排除 检修、更换
圆锥齿轮巨响	圆锥齿轮磨损、断齿 主轴承、防跳轴承间隙大 转台迷宫圈故障	检修更换齿轮 调整间隙 检修排除
油池严重漏油	转台迷宫圈故障、损坏 输入轴密封圈损坏 转盘倾斜,润滑油倾出	检修排除,更换配件 检修、更换 调整、校正
卡瓦粘方瓦	大方瓦变形 卡瓦背磨损	更换大方瓦 更换卡瓦

第三节 水龙头

19. 水龙头的作用是什么?修井对水龙头的要求是什么?

水龙头是井下作业旋转循环的主要设备,它既是提升系统和钻具之间的连接部分,又是循环系统与旋转系统的连接部分。水龙头上部通过提环挂在游车大钩上,旁边通过鹅颈管与水龙带相连,下部接方钻杆及井下钻具,整体可随游车上下运行。

概括起来水龙头的作用有以下三点:(1)悬挂钻具,承受井下钻具的全部重量。(2)保证下部钻具的自由转动而方钻杆上部接头不倒扣。(3)与水龙头相连,向转动着的钻杆内泵送高压液体,实现循环钻进。

由此可见,水龙头能实现提升、旋转、循环三大作用,是旋转的重要部件。

井下作业对水龙头的要求是:(1)水龙头的主要承载部件如提环、中心管、负荷轴承等,要有足够的强度。(2)冲管总成密封系统要有抗高压、耐磨、耐腐蚀的性能,易损坏件更换要方便。(3)低压机油密封系统要密封良好、耐腐蚀且使用寿命长。(4)水龙头的外形结构应圆滑无棱角,提环的摆动角应能方便挂大钩。

20. 水龙头由哪些部件组成?

现场使用的水龙头型号较多,但结构上大体一致,主要由固定、旋转和密封三大部分组成。这里以 SL-70 型水龙头组成及结构为例,如图 2-8 所示。

21. SL-70 型水龙头固定部分结构及工作原理是什么?

固定部分主要由提环、壳体、上盖、鹅颈管等组成。如图 2-8 所示。

壳体是一个内部为油池的空心铸钢件,一般用合金钢制造。壳体两侧的槽孔用销轴与提环活动连接,销轴的径向和轴向上有孔眼,上装有黄油嘴,用以润滑销轴与提环的接触面,方便转动。由于两侧的槽孔为通孔,因此在销轴上装有密封圈,封闭油池。在壳体外有螺孔,供加注和放卸润滑油,由螺塞上紧。

在壳体的上部装有上盖,上盖又称支架,用螺钉固定在壳体的上面。支架与中心管之间装有上扶正轴承,扶正轴承上面有密封圈,用以密封中心管与油池,支架上部用螺钉固定着鹅颈管。鹅颈管的一端装有粗扣活接头,用以与水龙带相接;另一端套在冲管外,通过上压帽固定密封。冲管的下端与中心管对接,连接处有密封组件,通过下压帽由螺纹固定在中心管上,使其密封可靠。

外壳下部用螺钉固定底盖,底盖主要用以衬托下扶正轴承、密封中心管及外壳油池。

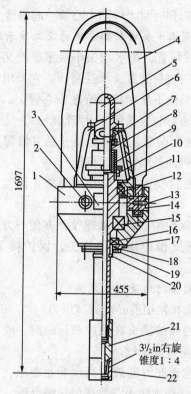

图 2-8　SL-70 型水龙头结构示意图

1—壳体；2—螺塞；3—铭牌；4—提环；5—鹅颈管；6—上盖；7—上压帽；
8—冲管；9—密封组件；10—下压帽；11—上机油密封装置；12—轴承；
13—黄油嘴；14—提环销；15—主轴承；16—轴承；17—下机油密封装置；
18—T 形密封圈；19—压盖；20—弹性挡圈；21—接头；22—护丝套

22. SL-70 型水龙头旋转部分结构及工作原理是什么？

旋转部分如图 2-8 所示，主要部件是中心管和轴承。中心管的上部直径大，有连接下压帽的螺纹和台阶。上台阶用以固定上扶正轴承；下台阶用以固定负荷轴承。井下钻具的负荷则通过中心管由负荷轴承坐在水龙头的外壳上，在负荷轴承下面装有下扶正轴承，两轴承通过油池内的机油润滑。上、下扶正轴承用以承受中心管转动时产生的径向摆动力，使中心管扶正居中。中心管转动时，下压帽和密封组件随中心管一起旋转。

23. SL-70型水龙头密封部分结构及工作原理是什么？

（1）冲管密封装置，是水龙头中最重要而又薄弱的环节，是旋转与固定部分的密封装置，承受高压。它采用V形密封圈，装在密封盒内，然后由下压帽将其装在中心管上，通过压帽来调节它的密封程度，密封装置采用润滑脂润滑。

（2）上机油密封装置，作用是防止钻井液等脏物进入壳体内部，阻止油池内机油外溢，承受低压。

（3）下机油密封装置，主要作用是防止油池机油泄漏，承受低压。

另外，为了保护中心管下部螺纹，方便与方钻杆的连接，在中心管下部用细反扣连接保护接头，保护接头的另一端为粗反扣。

24. 如何做到合理的使用水龙头？

（1）新水龙头在使用前必须测试压力。

（2）水龙头的保护接头在搬放和运输时，应带上护丝或用其他软物包缠，以防碰坏螺纹。

（3）使用前检查润滑油液位高度满足要求，冲管密封盒、密封座、提环销、气动旋转头各油杯加注润滑脂。

（4）使用前检查上、下密封盒压盖，冲管密封盒是否调整适当。一人能用914mm链钳转动中心管自如，即适当。

（5）新水龙头、长时间停用的水龙头启动时，应先慢速运转，待转动灵活后，再提供转速。

（6）低速启动水龙头后，应注意钻井液通过水龙头水眼的情况，特别是在冬季启动时，应采取措施防止冻结，确保水眼畅通。

（7）工作中，应随时检查冲管上、下密封盒是否刺漏，上、下密封座是否渗漏润滑油。

（8）检测水龙头壳体温度，正常工作温度不超过75℃。

（9）工作中应随时检查鹅颈管连接法兰是否牢固，鹅颈管与水龙带连接活接头是否刺漏。

(10)工作中应随时检查水龙头的防扭保险绳、鹅颈管与水龙带之间的保险绳必须保持完好。

(11)水龙头与方钻杆对接时,必须涂抹螺纹油。

(12)旋扣器主要用于钻井、修井过程中接单根上卸扣作业。

(13)在紧急情况下,不允许转盘驱动钻柱时,可使用旋扣器短时间驱动钻柱作旋转。

(14)可使用旋扣器作打鼠洞工作。

25. 水龙头有哪些常见故障?如何排除?

常见故障及排除方法如表2-6所示。

表2-6 水龙头常见故障及排除方法

故障现象	引起故障的原因	检查及排除方法
水龙头壳体发热	缺润滑油 润滑油污染	添加润滑油 更换润滑油
中心管转动不灵活、转不动	轴承损坏 冲管密封盒、密封盒调整过紧 防跳轴承间隙小	更换轴承 调整密封松紧度 调整防跳轴承间隙
中心管径向摆动大	扶正轴承磨损 方钻杆弯曲	更换扶正轴承 更换方钻杆
中心管下部螺纹处漏钻井液	螺纹损坏 下部密封盒内密封圈损坏 下部密封盒调整过松	送修 更换下部密封盒内密封圈 调整下部密封盒
下部密封盒漏油	下部密封盒内密封圈损坏 中心管偏磨	更换下部密封盒内密封圈 送修
鹅颈管法兰刺、漏钻井液	法兰密封圈损坏 法兰盘未压紧 法兰盘螺栓损坏	更换法兰密封圈 调整法兰盘 更换法兰盘螺栓
冲管密封盒刺、漏钻井液	密封装置压紧螺帽松动 密封装置磨损 冲管外缘磨损 冲管破裂	紧固密封装置压紧螺帽 更换密封装置 更换冲管 更换冲管
壳体内有钻井液	上部密封盒内密封圈损坏 下部密封盒内密封圈损坏	更换上部密封盒内密封圈 更换下部密封盒内密封圈

第三章 压裂车和水泥车

第一节 往复泵的原理

1. 往复泵在井下作业中有哪些应用？

往复泵在石油矿场上应用非常广泛，常用于高压下输送高黏度、大密度和高含砂量、高腐蚀性的液体，流量相对较小。按用途的不同，石油矿场用往复泵往往被冠以相应的名称，例如：在钻井过程中，为了携带出井底的岩屑和供给井底动力钻具的动力，用于向井底输送和循环钻井液的往复泵，称钻井泵或泥浆泵；为了固化井壁，向井底注入高压水泥浆的往复泵，称固井泵；为了造成油层的人工裂缝，提高原油产量和采收率，用于向井内注入含有大量固体颗粒的液体或酸碱液体的往复泵，称压裂泵；向井内油层注入高压水驱油的往复泵，称注水泵；在采油过程中，用于在井内抽汲原油的往复泵，称抽油泵。

将固井泵、压裂泵安装在运载汽车上，就是常说的压裂车和水泥车。井下作业主要用水泥车或压裂车进行酸化压裂、洗井、钻塞、侧钻等施工。

2. 往复泵的结构是什么？

往复泵的基本结构如图3-1所示，主要分为两大部分：动力端和液力端。动力端由曲柄、连杆、十字头、活塞杆等组成，主要作用是进行运动形式的转换，即把动力机的旋转运动转换为活塞的往复直线运动；液力端由泵缸、活塞、吸入阀、排出阀、吸入管、排出管等组成，主要作用是进行能量形式的转换，即把机械能转化成液体能。

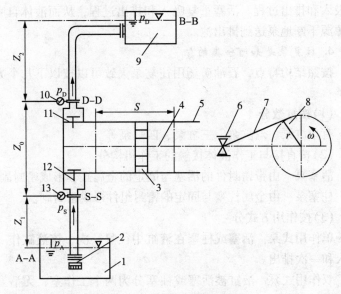

图 3-1 往复泵工作示意图
1—吸入罐；2—底阀；3—活塞；4—活塞杆；5—液缸；6—十字头；7—连杆；
8—曲柄；9—排出罐；10—压力表；11—排出阀；12—吸入阀；13—真空表

3. 往复泵的工作原理是什么？

如图 3-1 所示，当动力机通过皮带、齿轮等传动件带动曲柄以角速度 ω 按图示方向从左边水平位置开始旋转时，活塞向泵的动力端移动，缸内容积逐渐增大，压力降低，形成真空。在大气压力与缸内压力的压差作用下，液体自吸入池经吸入管推开吸入阀（排出阀关闭）进入泵缸，直到曲柄转到右边水平位置，即活塞移动到右死点为止，这一过程为吸入过程，移动的距离为一个冲程。曲柄继续转动，活塞从右死点向左移动，缸内容积逐渐减小，液体受到挤压，由于液体不可压缩，故压力升高，当缸内压力大于排出管压力时，液体克服排出阀的重力和弹簧的阻力等推开排出阀进入排出管（吸入阀关闭）直至排出池，直到活塞移动到左死点，曲柄再次转到左边水平位置，这一过程为排出过程。曲柄继续转动，每旋转一周，活塞往复运动一次，泵的液缸完成一次吸入和排出过程。活塞重复吸入和排出过程,从而液体自吸入池源源不断地泵送到排出池。

4. 往复泵是如何分类的?

按照结构特点,石油矿场用往复泵大致可以按以下几个方面分类:

(1) 按缸数分

有单缸泵、双缸泵、三缸泵、四缸泵等。

(2) 按直接与工作液体接触的工作机构分

活塞泵　由带密封件的活塞与固定的金属缸套形成密封副。

柱塞泵　由金属柱塞与固定的密封组件形成密封副。

(3) 按作用方式分

单作用式泵　活塞或柱塞在液缸中往复一次,该液缸作一次吸入和一次排出。

双作用式泵　液缸被活塞或柱塞分为两个工作室,无活塞杆的为前工作室或称前缸,有活塞杆的为后工作室或称后缸;每个工作室都有吸入阀和排出阀;活塞往复一次,液缸吸入和排出各两次。

(4) 按液缸的布置方案及其相互位置分

有卧式泵、立式泵、V形或星形泵等。

(5) 按传动或驱动方式分

机械传动泵,如曲柄－连杆传动、凸轮传动、摇杆传动、钢丝绳传动往复泵及隔膜泵等。

蒸汽驱动往复泵。

液压驱动往复泵等。近几年来,液压驱动往复泵在油田越来越受到重视。

5. 往复泵有哪几种典型结构?

几种典型的往复泵类型如图 3－2 所示。

钻井泥浆泵常用三缸单作用和双缸双作用卧式活塞泵,压裂、固井、注水等常用三缸或五缸单作用卧式柱塞泵或其他类型的往复泵。

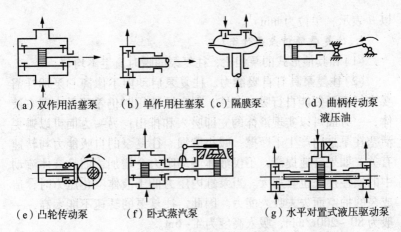

(a) 双作用活塞泵　(b) 单作用柱塞泵　(c) 隔膜泵　(d) 曲柄传动泵
液压油
(e) 凸轮传动泵　(f) 卧式蒸汽泵　(g) 水平对置式液压驱动泵

图 3-2　往复泵类型示意图

6. 往复泵的基本性能参数有哪些?

(1) 泵的流量　单位时间内泵通过排出或吸入管道所输送的液体量。流量通常以单位时间内的体积表示,称体积流量,代表符号为 Q,单位为 L/s 或 m^3/s。有时也以单位时间内的重量表示,称重量流量,代表符号为 Q_G,单位为 N/s。即 $Q_G = Q\rho g$ 这里,ρ 为输送液体的密度,单位为 kg/m^3,g 为重力加速度,取作 $9.8 m/s^2$。

往复泵的曲轴旋转一周($0 \sim 2\pi$),泵所排出或吸入的液体体积,称泵的排量,它只与泵的液缸数目及几何尺寸有关,而与时间无关。"流量"与"排量"实际是两个不同的概念。

(2) 泵的压力　通常是指泵排出口处单位面积上所受到的液体作用力,即压强,代表符号为 p,单位为 MPa。

(3) 泵的功率和效率　泵是把动力机的机械能转化为液体能的机器。单位时间内动力机传到往复泵主动轴上的能量,称泵的输入功率或主轴功率,以 N_a 表示;而单位时间内液体经泵作用后所增加的能量,称有效功率,或输出功率,以 N 表示;功率单位为 kW。泵的总效率 η 是指有效功率与输入功率的比值。

(4) 泵速　指单位时间内活塞或柱塞的往复次数,简称冲次,

以 n 表示，单位为 $\min^{-1}$。

7. 往复泵的特点是什么？

(1)和其他形式的泵相比，往复泵的瞬时流量不均匀。

(2)往复泵具有自吸能力。往复泵启动前不像离心泵那样需要先行灌泵便能自行吸入液体，但实际使用时仍希望泵内存有液体，一方面可以实现液体的立即吸入和排出；另一方面可以避免活塞在泵缸内产生干摩擦，减小磨损。往复泵的自吸能力与转速有关，如果转速提高，不仅液体流动阻力会增加，而且液体流动中的惯性损失也会加大。当泵缸内压力低于液体汽化压力时，造成泵的抽空而失去吸入能力。因此，往复泵的转速不能太高，一般为 80~200r/min，吸入高度为 4~6m。

(3)往复泵的排出压力与结构尺寸和转速无关。往复泵的最大排出压力取决于泵本身的动力、强度和密封性能。往复泵的流量几乎与排出压力无关。因此，往复泵不能用关闭出口阀调节流量，若关闭出口阀，会因排出压力激增而造成动力机过载或泵的损坏，所以往复泵一般都设有安全阀，当泵压超过一定限度时，安全阀会自动打开，使往复泵泄压。

(4)往复泵的泵阀运动滞后于活塞运动。往复泵大多是自动阀，靠阀上下的压差开启，靠自重和弹簧力关闭。泵阀运动落后于活塞运动的原因是阀盘升起后在阀盘下面充满液体，要使阀关闭，必须将阀盘下面的液体排出或倒回缸内，排出这部分液体需要一定的时间。因此，阀的关闭要落后于活塞到达死点的时间，活塞速度越快，滞后现象越严重，这是阻碍往复泵转速提高的原因之一。

(5)往复泵适用于高压、小流量和高黏度的液体。

8. 往复泵如何调节流量？

由于泵的流量与泵的缸数、活塞面积、冲次以及冲程成正比关系，改变其中任何一个参数，都可以改变流量。常用的调节流量的方法如下：

(1)更换不同直径的缸套。设计往复泵时通常把缸套直径分成若干等级，各级缸套的流量大体上按等比级数分布，即前一级直径较大的缸套的流量与相邻下一级直径较小缸套的流量比近似为常数。根据需要，选用不同直径的缸套，就可以得到不同的流量。

(2) 调节泵的冲次。机械传动的往复泵，当动力机的转数可变时，可以改变动力机的转数调节泵的冲次，使泵的冲次在额定冲次与最小冲次之间变化，以达到调节流量的目的。对于有变速机构的泵机组，可通过调节变速比改变泵的转速。应当注意的是，在调节转速的过程中，必须使泵压不超过该级缸套的极限压力。

(3) 减少泵的工作室。在其他调节方法不能满足要求时，现场有时用减少泵工作室的方法来调节往复泵的流量，其方法是：打开阀箱，取出几个排出阀或吸入阀，使有的工作室不参加工作，从而减小流量。该法的缺点是加剧了流量和压力的波动。实践证明，在这种非正常工作情况下，取下排出阀比取下吸入阀造成的波动小，对双缸双作用泵来讲，取下靠近动力端的排出阀引起的波动较小。

(4) 旁路调节。在泵的排出管线上并联旁路管路，将多余的液体从泵出口经过旁路管返回吸入罐或吸入管路，改变旁路阀门的开度大小，即可调节往复泵的流量。由于这种方法比较灵活方便，所以应用比较广泛，经常应用压力比较低的泵的流量调节。但这种方法会产生较大的附加能量损失，从能耗的角度看是不经济的，特别是高压泵，旁路调节浪费较大的能量。因此，旁路调节也可作为紧急降压的一种手段。

(5) 调节泵的冲程。调节泵的冲程就是在其他条件不变的情况下，改变往复泵活塞的移动距离，使活塞每一转的行程容积发生变化，从而达到流量调节的目的。

9. 往复泵的并联运行表现的外部特征是什么？

为了满足一定流量的需要，石油矿场中常将往复泵并联工作。往复泵并联工作时，以统一的排出管向外输送液体。并联的往复泵有如下特征：

(1) 当各泵的吸入管大致相同、排出管路交汇点至泵的排出口距离很小时，对于高压力下的往复泵，可以近似地认为各泵都在相同的压力下工作。

(2) 排出管路中的总流量为同时工作的各泵的流量之和。

(3)泵组输出的总水力功率为同时工作各泵输出的水力功率之和。

(4)在管路特性一定的条件下,对于机械传动的往复泵,并联后的总流量仍然等于每台泵单独工作时的流量之和,而并联后的泵压大于每台泵在该管路上单独工作时的泵压。

泵并联工作是为了加大流量。应注意的是,并联工作的总压力必须小于各泵在用缸套的极限压力,各泵冲次应不超过额定值。

第二节 往复泵的典型结构

10. 往复泵的液力端由哪些部件组成?

往复泵总成通常由液力端和动力端两大部分组成。

通常我们把往复泵(或特车泵)的水力部分称为液力端,其作用为通过改变液缸的工作容积来吸入或排出液体,使被输送的介质增加能量。

液力端包括液缸、吸入阀、排出阀、活塞、缸套、柱塞、填料箱、缸盖、阀盖及密封件等主要零部件。往复泵液力端的结构主要取决于液缸数、液缸的位置、作用数及吸入阀和排出阀的布置形式等。

通常在高压、中小流量时采用柱塞泵,其中以单缸和三缸单作用泵的形式最多,而在低压、大流量时采用活塞泵,其中以双缸双作用的形式为最多。

(1)柱塞泵的液力端

柱塞泵的液力端有单缸单作用柱塞泵、卧式三缸单作用柱塞泵、立式单作用柱塞泵,角式单作用柱塞泵及多缸柱塞泵等。其中以卧式三缸单作用柱塞泵的形式最普遍。卧式三缸单作用柱塞泵是由3个卧式单作用泵并联而成,它们有共同的吸入管和排出管,3个柱塞共用一个曲柄轴,每一曲拐之间的角度相差120°。主要用在固井泵和压裂泵的液力端。

卧式三缸单作用柱塞泵的液力端根据阀的布置形式可以分为

直通式、直角式、阶梯式三种基本形式。

(2)活塞泵的液力端

活塞泵的液力端大多是做成双缸双作用的形式和三缸单作用形式。主要用在钻井泵的液力端。

11. 直通式卧式三缸单作用柱塞泵液力端的结构及特点如何？

直通式柱塞泵的液力端结构如图3-3所示，其特点是结构紧凑、液缸尺寸较短、余隙容积小。但这种结构形式的吸入阀更换不方便。

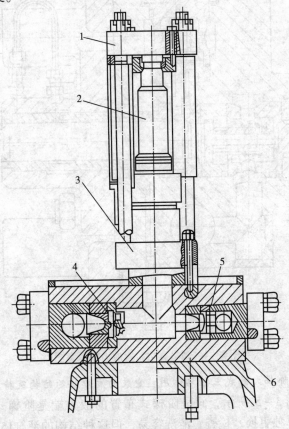

图3-3 直通式柱塞泵液力端结构示意图
1—上十字头；2—柱塞；3—填料箱；4—吸入阀；5—排除阀；6—液缸体

12. 直角式卧式三缸单作用柱塞泵的液力端的结构及特点如何?

如图3-4所示,阀呈直角布置的液力端为直角式结构,其特点是吸入阀和排出阀均有单独的阀盖,阀的检查清洗、更换方便。同时减小了液缸的容积,从而减小了液体的弹性压缩损失,提高了流量系数。此外,这种液缸体的结构尺寸较小。

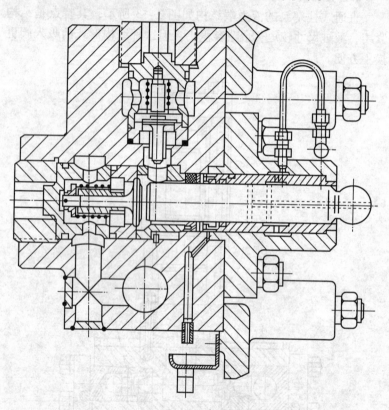

图3-4 阀呈直角布置液力端示意图

13. 阶梯式卧式三缸单作用柱塞泵的液力端的结构及特点如何?

如图3-5所示,阀呈阶梯式布置的液力端是阶梯式结构,阀可以单独更换,检查、清洗容易,但这种结构的液缸体的尺寸较长,余隙容积较大。

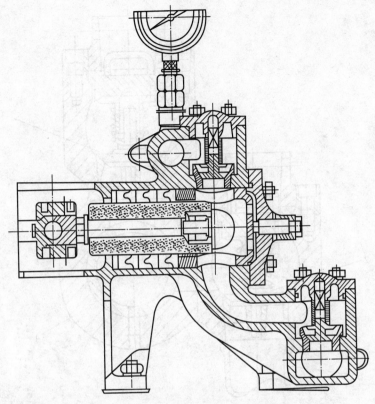

图 3-5 阀呈阶梯式布置的液力端示意图

14. 双缸双作用活塞泵的液力端结构如何?

活塞泵的液力端(又称水力部分)包括泵体(阀箱)、缸套活塞、活塞杆、密封盒、泵阀等,其作用是从吸入池吸入低压液体,通过活塞的作用,变机械能为液压能,向井底输送高压液体,实现液体的循环,冷却钻头、冲洗井底和携带出岩屑。

双缸双作用泵液力端每个液缸的两端各有一个吸入和排出阀箱,吸入阀上部与液缸连通,下部与吸入管连通,排出阀上部与排出管连通,下部与液缸连通。相互间的连通关系可以由图 3-6 看出。

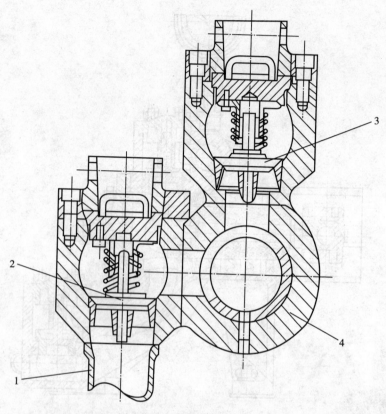

图 3-6 阀箱、缸套及管路间的连通
1—吸入支管；2—吸入阀；3—排除阀；4—缸套

往复泵的泵体(泵头)是液力端的主要零件。其他零件大多固定在泵体上，泵工作时泵体要承受高压液体和其他载荷反复作用。

15. 三缸单作用活塞泵液力端的结构如何？

它的每个缸套只有一个吸入阀和一个排出阀，其结构比双作用泵液力端简单的多。目前三缸单作用泵泵头主要有 L 型、I 型和 T 型三种形式，分别如图 3-7、图 3-8、图 3-9 所示。

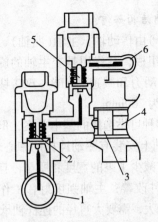
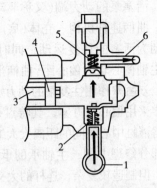

图3-7 L型泵头示意图
1—吸入管汇；2—吸入阀；3—活塞；
4—活塞杆；5—排出阀；6—排出管汇

图3-8 I型泵头示意图
1—吸入管汇；2—吸入阀；3—活塞杆；
4—活塞；5—排出阀；6—排出管汇

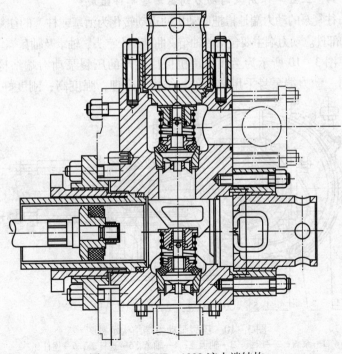

图3-9 SL3NB-1300液力端结构

16. 双缸双作用活塞泵的动力端结构如何?

活塞泵的动力端(又称驱动部分)由传动轴、主轴(曲轴)、齿轮、曲柄连杆机构、壳体(底座)等组成,其作用是变主轴的旋转运动为活塞的往复运动,同时传递动力和减速。NB8-600钻井泵主轴偏心轮的偏心距(曲柄半径)为200mm。

双缸双作用往复泵的动力端有多种可供选择的基本方案,但目前多采用偏心轮方案。其特点是主轴上安装有驱动连杆的偏心轮,使得液缸中心线间的距离大大缩小,减少了泵的宽度和质量,且驱动部分修理方便,主轴承的承载条件改善,主轴强度好,工作可靠;但制造较复杂,连杆的大头也较大,需要大直径的连杆轴承。

多数双缸双作用往复式钻井泵动力端的结构相差不大,润滑多为飞溅润滑和强制润滑。

17. 三缸单作用泵的动力端由哪些部件组成?

往复泵的动力端是指把原动机的运动转化为活塞或柱塞的往复运动的部件。动力端主要包括曲轴箱、曲柄、十字头、轴承及轴瓦等。

图3-10所示为兰州通用机械厂生产的压裂泵动力端结构示意图。动力端泵身采用铸铁件,结构较合理,强度高,刚度好。

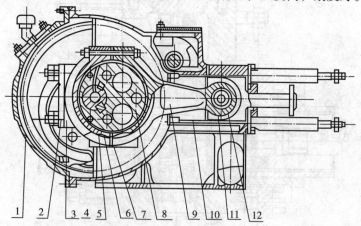

图3-10 压裂泵动力端结构示意图
1—泵盖;2—压板;3—轴承盖;4—轴承;5—连杆盖;6—连杆瓦;
7—垫板;8—偏心轮;9—连杆;10—滑套;11—横销铜套;12—横销

柱塞与十字头的连接采用了新式结构,弹性杆和十字头伸出杆结合。以往十字头本体和弹性杆在动力端内部连接,这样易造成液力端的压裂液窜入动力端,而十字头又是与柱塞直接连接,也易产生偏磨。此泵设计中采用这种新式结构既解决了液体窜入动力端问题,又解决了偏磨问题。

18. 活塞泵的结构及原理是什么?

双缸双作用活塞泵的结构如图3-11(a)所示。主轴上有两个互相成90°的曲柄,分别带动两个活塞在液缸中作往复运动。液缸两端分别装有吸入阀和排出阀。当活塞向液力端运动时,左边的排出阀打开,吸入阀关闭,活塞前端工作室(前缸)内液体排出;而右边的排出阀关闭,吸入阀打开,活塞后端工作室(后缸)吸入液体。当活塞向动力端运动时,情况正好与上述相反。图3-11(b)是双缸双作用往复泵的流量曲线。两个液缸的前后缸的瞬时流量近似按正弦规律变化,前缸流量曲线为 a_2b_2,后缸流量曲线为 a_1b_1。将其纵坐标叠加,就可以得到整台泵的流量曲线。

三缸单作用活塞泵的结构及流量曲线如图3-12所示。其原理可参考柱塞泵的原理。

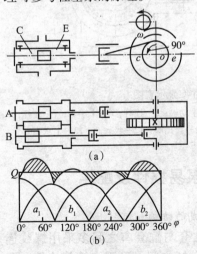

图3-11 双缸双作用往复泵结构
简图及流量曲线

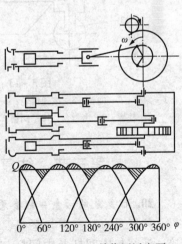

图3-12 三缸单作用活塞泵
结构简图及流量曲线

19. 柱塞泵的结构及原理是什么？

与活塞泵类似，其主要区别在于往复运动件的密封形式上。活塞泵的活塞直径外表面与缸套内表面紧密配合，活塞的往复运动改变缸套内部容积，实现吸入和排出。柱塞泵的柱塞则采用外密封结构，如图3-13所示。原理参考图3-12，柱塞运动不断改变液缸内的充液容积，实现吸入和排出。柱塞密封在泵缸之外，便于拆装、调节，还可以通过冷却液冲洗磨擦表面降低温度。柱塞泵通常由柴油机、电动机作动力；有的在泵外减速，动力直接传递到曲轴上，有的在泵内装有减速机构；曲轴通常采用偏心结构，冲程较短而冲次较高；连杆大头有的采用整体式滚动轴承，如同钻井泵那样，但较多见的还是剖分式滑动轴承，便于安装。

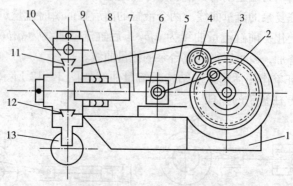

图3-13 柱塞泵示意图

1—泵体；2—曲轴；3—减速齿轮；4—主动轴；5—连杆；6—十字头；7—拉杆；8—柱塞；9—密封盒；10—阀箱；11—排出阀；12—吸入阀；13—上水室

第三节 往复泵易损件及配件

20. 往复泵的活塞-缸套总成的结构如何？

往复泵的缸套座与泵头、缸套与缸套座之间多采用螺纹连接，活塞与中间杆及中间杆与介杆之间，采用卡箍等连接。图3-14是三缸单作用泵的活塞-缸套总成。其中，活塞和缸套是易损件。因为当活塞在缸套内作往复运动时,有规律地反复挤出通常带有固体颗粒的液体,活塞与缸套之间既是一对密封副,又是一对摩擦副,容易磨损或被高压液体刺漏而失效。

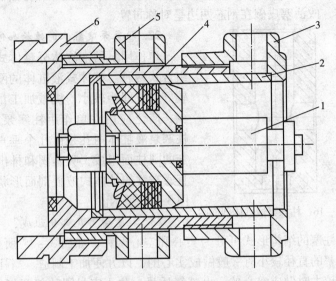

图3-14 单作用活塞泵-缸套总成图
1—活塞总成;2—缸套;3—缸套压帽;
4—缸套座;5—缸套座压帽;6—连接法兰

21. 单作用泵的活塞结构如何?

活塞和柱塞的作用是通过在液缸中的往复运动交替地在液缸内产生真空或压力,从而吸入或排出液体。为了使泵的结构紧凑、流量均匀,对于液量较大的中低压往复泵,通常采用活塞泵。当流量较小、排出压力较高时采用柱塞泵。

图3-15是单作用泵活塞,由阀芯和皮碗等组成;一般采用自动封严结构,即在液体压力的作用下能自动张开,紧贴缸套内壁。单作

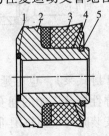

图3-15 单作用泵活塞
1—密封圈;2—活塞阀芯;
3—活塞皮碗;4—压板;5—卡簧

用泵活塞的前部为工作室,吸入低压液体,排出高压液体;后部与大气连通,一般由喷淋装置喷出的液体冲洗和冷却。双作用泵活塞将缸套分为两个工作室,两边交替吸入低压液体和排出高压液体,故活塞皮碗在钢芯两边呈对称布置。

22. 往复泵液缸体的结构如何?

单作用泵的液缸体分整体式和组合式两种。整体式液缸体的刚性较好,缸间距较小,机械加工量较少,广泛应用在单作用柱塞泵上。柱塞泵液缸体内孔是由几个垂直相交的圆柱面组成,吸入阀和排出阀直通布置的整体式液缸剖面形状如图3-16所示。

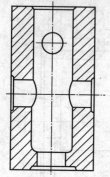

图3-16 柱塞泵液缸体剖面图

23. 柱塞由哪几部分组成?

柱塞的结构形式可分为实心和空心两种,如图3-17所示。当柱塞的直径较小时一般做成实心的,以方便加工制造。当柱塞直径较大时做成空心的,可减轻质量,防止密封圈的偏磨(特别

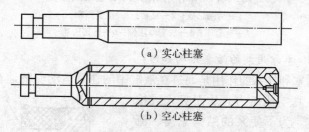

(a) 实心柱塞

(b) 空心柱塞

图3-17 柱塞的结构形式图

是对于卧式泵),也可延长密封圈的使用寿命。目前常用的还有使用弹性杆及压帽的通孔空心柱塞。这种柱塞制造加工较容易,但在安装时对中比较困难。

24. 为什么说柱塞及密封是易损件?

柱塞泵通常在高压下工作,液缸排除时,缸内的高压液体极易从柱塞密封处泄漏。为了防止泄漏,必须保证密封件压紧在柱

塞上，但这会加剧密封件和柱塞的磨损，缩短密封寿命。实际统计表明，某些柱塞泵中，柱塞及其密封件的消耗费用大约占泵易损件费用的70%。

高压柱塞泵的柱塞采用45号钢，表面喷涂镍基合金，可以提高表面质量和耐磨性。柱塞密封的使用寿命与其结构型式、材料及工作条件等有关。当前，碳纤维密封和自封式密封应用比较广泛。

25. 柱塞的密封结构型式有哪几种？

柱塞的密封结构型式很多，常见的有：

(1) 自封式V形密封　这是常用的密封结构，其密封圈唇部前面的夹角大于背部夹角，在压差的作用下唇部自动张开，实行封严。

(2) 压紧力自调式密封　由几个特别的密封环、两个金属垫环和一个弹簧等组成，如图3-18所示。工作时，靠液体工作压力压紧密封件，实现自封；磨损后弹簧自动张紧，故安装后无需调整。

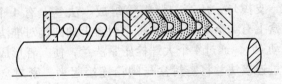

图3-18　压紧力自调式密封结构

(3) J形密封　如图3-19所示的密封圈有内、外两个密封唇，内环密封活塞杆，外唇密封盒的内壁，中间部分承受轴向力，一般不会出现密封压垮和互相卡住的现象，故又称作"压不垮式"密封。

此外，还有带有冲洗装置的密封等，即在柱塞密封与液缸之间安装有用金属或其他较硬材料（如硬橡胶）制成的刮环，又称限制环或挡环，在密封与刮环之间的柱塞周围形成一个环形空间。用一个与柱塞冲程同步的定量泵，在柱塞泵的吸入行程中，以不很高的压头将一定体积冲洗液（一般为清水）通过泵壳上的注入孔注入这个空间。环形空间内的冲洗液可以阻止磨砺性介质进入密

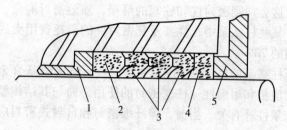

图 3-19　J 型密封结构
1—垫环；2—下适配环；3—密封圈；4—上适配环；5—压盖

封。在注入孔通向环形空间的通道上安装一个单向阀，使进入环形空间的冲洗液在柱塞的排出行程中不能返回注入孔。为了减轻柱塞和密封的磨损，通过泵壳上的注油孔和间隔环，向密封部位注入润滑油脂。

26. 自封式密封装置由哪些部件组成？

自封式密封装置如图 3-20 所示。由连接法兰、密封盒、柱塞密封、支撑环、压套、背帽等组成。法兰上有 4 个 45°凹槽，密封盒上有 4 个 45°凸键，将密封盒上的凸键对准法兰上的凹槽，转动 45°，通过 4 个大螺栓压紧法兰，使二者形成端面结合，并通过连接法兰将密封盒与阀箱连接起来。密封盒与阀箱之间靠矩形密封圈密封。作用在密封盒与柱塞之间环形面积上的高压液体产生的轴向力，由 4 个连接螺栓承受，不像传统往复泵那样由泵壳承受。法兰外径与泵壳前板上的孔形成严格的定位间隙配合；泵壳前板上的孔与泵壳安装十字头导向套的孔为同一定位基准。

自封式密封圈由骨架、帘布增强橡胶、改性聚四氟乙烯和高耐磨丁腈橡胶等高压硫化而成。骨架的作用是保证安装和高压下不产生轴向和径向变形，高压下只可压紧不可压缩，避免过紧、过热、加剧磨损。密封圈截面为"L"形，唇部采用高耐磨橡胶，与柱塞有一定的过盈量；当高压液体进入唇部，唇口胀大，抱紧柱塞，起自封作用；安装时，唇部涂有二硫化铝减摩剂，减小摩擦力。

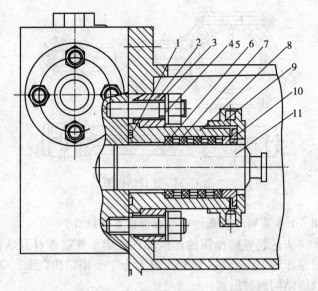

图 3-20 自封式柱塞泵密封总成
1—矩形密封圈；2—连接法兰；3—连接螺栓；4、5—螺母和垫片；6—支撑环；
7—自封式密封圈；8—密封圈；9—背帽；10—压套；11—柱塞

27. 往复泵连杆的结构如何？

连杆是将曲轴的旋转运动转变为活塞往复运动的部件，如图 3-21 所示。连杆与曲轴相连的一端称为大头，与十字头销相连的一端称为小头，连杆中间部分称为杆体。连杆一般由连杆体、连杆盖、大头轴瓦、小头衬套以及连杆螺栓、螺母等组成。杆体截面有圆形、工字形、矩形及十字形等几种。杆体中间沿长度方向上一般都钻有油孔，把从曲柄油道来的油，通过连杆大头轴瓦的润滑孔引入小头衬套中实现在压润滑。连杆大头通常做成剖分式结构，便于装拆和调整大头轴瓦的间隙。连杆大头也有整体式结构，整体式结构的连杆大头结构简单，强度和刚性较好，但其质量和外形尺寸一般都很大，相应增加了曲柄箱的外形尺寸，同时装拆也较复杂，因而只能用在曲柄轴、偏心轮轴等结构中。

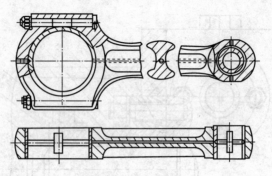

图 3-21 连杆结构图

28. 十字头的作用是什么？由哪些零件组成？

十字头是起导向作用的连接部件，用于连接连杆及活塞杆，并且传递作用力。十字头结构可分为十字头销结构（图 3-22）和球形绞链结构两种形式。

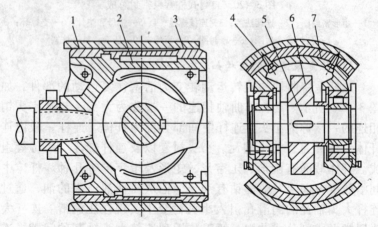

图 3-22 十字头销结构图
1—导板；2—十字头体；3—滑履；4—螺栓；
5—十字头；6—连杆；7—调整垫片

十字头销结构是指连杆与十字头之间用十字头销进行连接的形式，这种结构中连杆小头通常位于十字头体内。球形铰链结构中没有十字头销，力的传递是靠连杆小头球面与十字头体之间的球面垫进行。这种结构的调心性能较好，可以避免因连杆加工和安装的误差所引起的偏斜；其缺点是结构较复杂，仅适用于单作用泵中。

29. 泵阀的作用是什么？球阀和平板阀的结构如何？

泵阀是往复泵控制液体单向流动的液压闭锁机构，是往复泵的心脏部分。一般由阀座、阀体、胶皮垫和弹簧等组成。目前，有三种主要型式的泵阀广泛被采用。

（1）球阀　如图3-23所示，主要用于深井抽油泵和部分柱塞泵。

（2）平板阀　如图3-24所示，主要用于柱塞泵和部分活塞泵。阀座采用3Cr13不锈钢，表面渗碳处理，或采用45号钢喷涂，耐腐蚀、抗磨损；阀板采用新型聚甲醛工程塑料，综合性能好，质量轻、硬度高、耐磨、耐腐蚀，与金属表面相配后密封可靠；弹簧采用圆柱螺旋形式，材料为60Si2MnA，经过强化喷丸处理，疲劳寿命高。

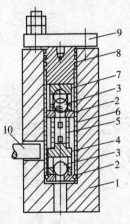
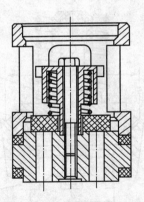

图3-23　球阀组装结构　　　图3-24　平板阀结构图
1—泵头；2—阀座；3—球阀；4—下阀套；
5—压套；6—阀筒；7—上阀套；
8—连接盖；9—压盖；10—柱塞

30. 盘状锥阀结构如何？

盘状锥阀主要用于大功率的活塞泵及部分柱塞泵。盘状锥阀的阀体和阀座支承密封锥面与水平面间的斜角一般为 45°~55°。阀座与液缸壁接触面的锥度一般为 1∶5~1∶8，现在多采用 1∶6 的锥度。锥度过小，阀座下沉严重，且不易自液缸中取出；锥度过大，则接触面间需要加装自封式密封圈。

锥面盘阀有两种结构型式，一种是双锥面通孔阀，如图 3-25 所示。其阀座的内孔是通孔，由阀体和胶皮垫等组成的阀盘上下运动时，由上部导向杆和下部导向翼导向。这种阀结构简单，阀座有效过流面积较大，液流经过阀座的水力损失较小，但阀盘与阀座接触面上的应力较大，阀盘易变形，影响泵的工作寿命。

另一种是双锥面带筋阀，如图 3-26 所示。主要特点是阀座内孔带有加强筋，阀盘上下部都靠导向杆导向，增加了阀盘与阀座的接触面和强度，但阀座孔内的有效通流面积减小，水力损失加大。

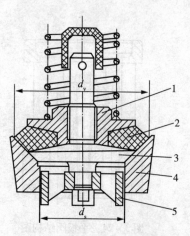

图 3-25 双锥面通孔泵阀
1—压紧螺母；2—胶皮垫；3—阀体；
4—阀座；5—导向翼

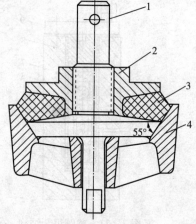

图 3-26 双锥面带筋泵阀
1—阀体；2—压紧螺母；
3—橡胶垫；4—阀座

31. 如何提高泵阀的寿命？

往复泵工作时，阀盘和阀座的表面受到含有磨砺性颗粒液流

的冲刷,产生磨砺性磨损;此外,阀盘滞后下落到阀座上,也会产生冲击性磨损。目前提高泵阀寿命的办法是:

(1)合理确定液体流经阀隙的速度,即阀的结构尺寸要与泵的结构尺寸和性能参数相对应,保证阀隙流速不要过大。

(2)控制泵的冲次,对于阀盘或阀座上有橡皮垫的锥阀,按照无冲击条件 $h_{max}n \leqslant 800 \sim 1000$,确定泵的冲次 $n(\min^{-1})$,其中的 h_{max} 是泵阀的最大升距,单位为 mm。

(3)阀体和阀座采用优质合金钢 40Cr、40CrNi2MoA 等整体锻造,经表面或整体淬火,表面硬度达 HRC60~62,橡胶圈由丁腈橡胶或聚氨酯等制成。

(4)保证正常的吸入条件,首先,要满足 $p_{smin} \geqslant p_t$,即最低吸入压力 p_{smin} 应大于液体的汽化压力 p_t;其次,吸入系统不应吸入空气或其他气体,吸入的液体中应尽可能少含气体。若不能保证正常吸入条件,则阀将极易损坏,特别是吸入阀。

(5)净化工作液体。

此外,阀箱虽然不是易损件,但在高压液体的交变作用下,容易产生裂纹,导致破坏。因此,全部采用整体优质钢(35CrMo 等)锻件,经过调质处理。在圆孔相贯处采用平滑圆弧过渡,降低集中应力;在阀箱内腔采用喷丸或高压强化处理,或进行镍磷镀,较好地解决了阀箱开裂等问题。

32. 空气包的作用是什么?

往复泵在工作时,由于排出管和吸入管产生的周期性振动,泵压的指针不是固定地指向某一数值,而是围绕某一数值左右摆动。产生这种现象的主要原因,是活塞的变速运动使它的排量和压力产生有规律的波动。这种波动如不加以控制,将会给循环设备的正常工作和井下作业带来很多不良影响。为了减少波动,常用的方法是在往复泵的排出口或吸入口处安装空气包,将泵的排量和压力波动降到最低限度。图 3-27 为往复泵常用的排出空气包。这种空气包主要由外壳、压力表、橡胶囊、顶盖和充气阀等组成。

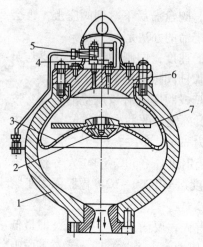

图 3-27 空气包的结构
1—外壳；2—阀；3—橡胶囊；4—压力表
5—充气阀；6—顶盖；7—胶板

橡胶囊上口被顶盖固定在壳体上，工作时随排出压力的变化，空气包的底部上下运动，以储存或积压出液体。通过充气阀可向空气包内充入一定压力的空气或惰性气体，稳定片对橡胶隔膜起着轴向加固作用，防止橡胶囊上半部分脱离壳壁而失效。

33. 空气包的结构如何？

空气包有排出和吸入之分，一般为预压式。其结构方案如图 3-28 所示。其中：(a)、(b) 为球形橡胶气囊预压式，1 为外壳，2 为气室；(c)、(d)、(e) 为圆筒形橡胶气囊预压式，1 为气室，2 为外壳，3 为多孔衬管；(f) 的气室 5 为金属波纹管，2 为外壳；(g) 的气室 3 与下液腔由金属活塞环 4 隔开。当输送液体温度高于橡胶的允许温度时，采用 (f)、(g) 方案。排出空气包安装在泵的排出口附近，吸入空气包安装在泵的吸入口附近。

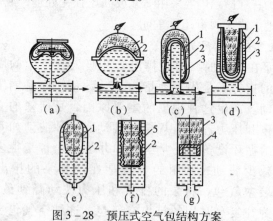

图 3-28 预压式空气包结构方案

34. 空气包的工作原理是什么？

空气包的工作原理如图3-29所示。往复泵正常工作时，在排出过程的前半段，活塞处于加速过程，排出管内液体流速加快，压力也随之升高。当压力大于空气包橡胶囊内的压力时，由于气体的可压缩性，一小部分液体则压缩橡胶囊进入空气包，大部分液体由排出管排出。随着排出过程的不断进行，空气包储存的液体也越来越多。在排出过程的后半段，活塞处于减速运动，液体的流速和压力也随之降低，

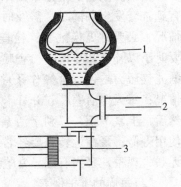

图3-29 空气包工作原理示意图
1—橡胶囊；2—排出管；3—泵缸

当泵缸压力低于橡胶囊压力时，空气包内气体膨胀，由橡胶囊排出储存的液体，补充液缸液体的不足，使排出管内液体仍以比较均匀的流速流动。

随着排出过程的不断往复进行，空气包不断交替地储存和排出液体，自动调节排出管中的液流速度，从而达到稳定往复泵排量和压力波动的目的。

35. 如何正确使用空气包？

安装橡胶囊前，应将壳体内表面清洗干净，以防损坏橡胶囊；装顶盖时，注意保护橡胶囊唇部，顶盖固定螺栓要均匀上紧，防止漏气；空气包内应充入空气或无毒、不易燃、不易爆的气体，严禁充入纯氧气；充气压力一般以不小于最大泵压的20%、不大于最小泵压的80%为宜；空气包内压力应经常检查，保持气包内压力不低于原充气压的75%以上，否则应及时充气；严禁在空气包未充气的情况下开泵工作，以防损坏橡胶囊。

36. 如何正确维护保养往复泵？

(1) 每天的维护保养

停泵后应检查动力端的油位，还应检查喷淋润滑情况及油箱

的油位，检查喷淋孔是否畅通；观察缸套与活塞的工作情况，有少量钻井液随活塞拖带出来（单作用）是正常现象，继续运行直到缸套发生刺漏时，需及时更换活塞，并详细检查缸套磨损情况，必要时更换缸套；检查喷淋水箱的水量和污染情况，必要时予以补充和更换；检查喷淋盒嘴是否畅通；检查排出空气的充气压力是否符合操作条件的要求；检查吸入缓冲器的充气情况；每天把活塞杆、介杆卡箍松开，把活塞转动1/4圈左右，然后再上紧卡箍，以利于活塞面均匀磨损，延长活塞和缸套的使用寿命；泵在运转时要经常检查泵压是否正常，密封部位有无漏失现象，泵内有无异常响声，轴承温度是否正常。

(2)每周的维护保养

每周检查高压排出四通内的滤清器是否堵塞，并加以清洗；检查阀盖、缸盖密封圈的使用情况，清除污泥，清洗干净后涂钙基润滑脂；清洗阀盖、缸盖螺纹，涂上二硫化钼钙基润滑脂，检查阀杆导向套的内孔磨损情况，必要时予以更换；检查阀、阀压板、阀座的磨损情况，必要时予以更换；若主动轴传动装置是具有锥形轴套的大皮带轮时，需检查拧紧螺钉。

(3)每月的维护保养

检查液力端所有双头螺栓和螺帽并予以紧固；检查介杆密封盒内的油封，必要时予以更换；检查动力端润滑油的污染情况，每六个月换油一次，并彻底清理油槽；检查介杆和十字头螺栓是否松动，松动时予以紧固；检查人字齿轮的啮合情况和磨损情况；检查安全阀是否灵活可靠。

第四节　水泥车及压裂车常用的阀

37. 低压旋塞阀的结构和原理是什么？

低压旋塞阀属于常温、手动、低压截止阀，安装在泵的上水低压管路中，如SNC-H300型泵的上水管路上的低压旋塞阀。

一般低压旋塞阀的结构如图3-30所示。由阀芯、阀体、螺

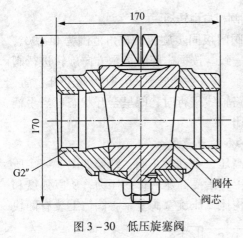

图 3-30 低压旋塞阀

母等组成。阀芯与阀体锥面配合起密封作用,阀芯内有通孔或三通孔道,分别与阀体孔口对应。阀芯上端是方头柱,用于扳手快速开关;下端有螺纹用于紧固螺母。阀体孔口用螺纹或法兰与管道连接。

阀芯为单一通孔的低压旋塞阀工作原理:当阀打开时,阀芯的通孔与阀体孔口及管道相通,液体可流过。阀芯旋转 90°角,阀芯通孔与阀体孔口错开,阀芯锥面封了阀体孔口,使阀关闭,液流被截止。

38. 蝶阀的结构和原理是什么?

蝶阀又名低压闸板阀,属于截止阀。它安装在泵的进液管道上,如 AC-400C 型水泥车的上水管路上的阀就属此类型,其结构如图 3-31 所示。主要由阀闸板、阀体、阀杆、密封圈、手柄及固定螺栓等组成,阀杆上部与手柄相连,中部固定阀闸板与阀体,由密封圈保持密封效果。钢制阀闸板与阀体内腔呈圆形。关闭时阀闸板与阀腔内的圆环形密封圈保持密闭。

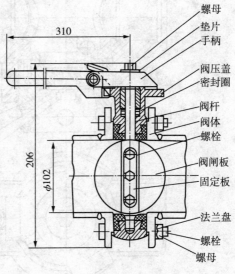

图 3-31 低压闸板阀(蝶阀)

手柄上有锁紧的簧,防止阀闸板自由转动。

拉动手柄带动阀杆及阀闸板同步旋转,转角范围为 0~90°,转角的大小与阀闸板开启一致。按标志牌的指示方向旋转进行阀的开闭。如果在关闭位置,那么手柄转到 90°时为阀全开位置。一般情况下,当手柄与管路轴线平行时,阀呈全开状态,当手柄与管路轴线垂直时,阀关闭。

39. 高压旋塞阀的结构和原理是什么?

高压旋塞阀为常温、高压、手动截止阀,结构如图 3-32 所示,安装在泵的排出管路上,承受高压液体的压力,所以强度和密封性能上要求较高,结构比低压旋塞阀复杂,阀体上装有两块

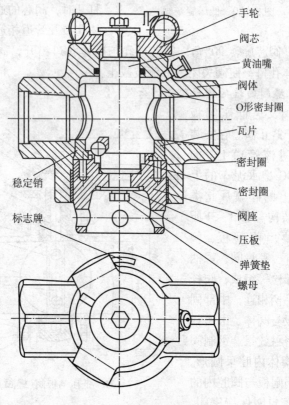

图 3-32 高压旋塞阀结构图

与阀体内腔同圆弧面的钢制瓦片，瓦片上与阀体对应孔口处有沟槽安装"O"形密封圈，以保证瓦片与阀体之间的密封。瓦片与阀体用稳定销定位。阀芯与瓦片为研磨配合面，用润滑油保持润滑，其中有垂直于阀芯轴线的同直径通孔。阀芯上下两端与阀体、阀座之间都有密封圈，上端与手轮连接，可用杠杆旋转阀芯，下端阀座用螺栓、螺母等紧固。

利用杠杆插入手轮侧孔道按标志牌指示方向转动，阀芯随手轮旋转，当阀芯通孔与瓦片及阀体孔道完全对正时，为阀全开位置，再旋转手轮90°，则阀芯堵塞阀体等孔道，阀关闭。安装高压旋塞阀后，关闭阀门，做水压试验，试验压力要超过额定泵压值的4.9MPa以上，保持5min不渗漏，才能使用。

40. 高压放空阀的结构及工作原理是什么？

高压放空阀有高压旋塞阀和针形阀两种，SNC-H1300型水泥车用高压旋塞阀，AC-400B、AC-400C及AC-400C1型水泥车用针形阀。针形阀的结构如图3-33所示，主要由阀体、阀座、针阀芯、阀杆、丝套、锁紧螺母扳手、手轮、密封装置等组

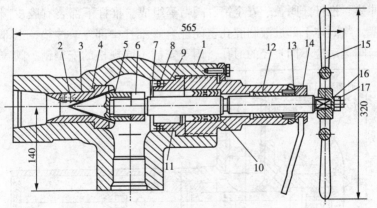

图3-33 针型阀结构图

1—阀体；2—阀座；3、4—O形密封圈；5—针阀芯；6—螺母；7—阀杆；
8—"U"形密封圈；9—"V"形密封圈；10—密封装置；11—密封填料盒；
12—丝套；13—压帽；14—锁紧螺母；15—手轮；16—弹簧垫；17—固定螺母

成。针形阀开启、关闭是依靠针阀芯的锥面和阀座的锥孔面配合密闭,因此必须保证其锥面的光滑和密封效果。阀座与阀体之间用O形密封圈密封、螺纹紧固。阀杆一端连接针阀芯,另一端连接手轮,中部与丝套、压帽螺纹旋合,并用密封装置保证与阀体的密封。

开启时,松开锁紧螺母扳手,旋转手轮带动阀杆使针阀芯上提,离开阀座,使液流通道打开,高压液体外泄放压。关闭时,针阀芯压在阀座上保持锥面紧密配合,阻断液流,并保证试压密封性能好,安全可靠。单车修井试压时可使用针形阀操作,开、关迅速、方便。泵工作时关阀,泵液循环时打开,施工结束时放压。

41. 安全阀作用是什么？结构和工作原理如何？

安全阀装在泵的排出管路上,其作用是保证泵及配套高压管线等高压部分在工作中不超过一定要求的压力,以确保人身和机械设备的安全。安全阀属于常温、高压阀,它的结构形式有剪力销式、自动弹簧式和膜式。

3PCF-300型、AC-400C1型、SNC-H300型等水泥车安全阀属于剪力销式,结构如图3-34所示,由阀体、胶皮阀塞、缓冲垫、推杆、阀盖、安全销、阀帽等组成。推杆下部装有胶皮阀塞,与阀体下部进液圆腔孔密闭配合。推杆中部有缓冲垫,上部与阀盖对应不同直径的通孔,用于安插不同规格的安全销。阀盖

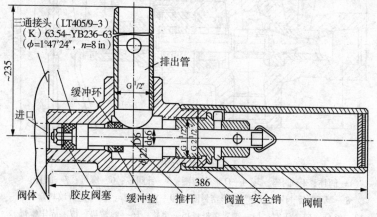

图3-34 剪力销式安全阀结构图

与阀体螺纹紧固。阀体有进液口和排液放空口，分别用螺纹与相应管路连接，其中阀体进液口与泵的排出口相通。

正常工作时泵压低于安全销规定的压力值，胶皮阀塞与阀体内腔处于封闭状态。当泵压大于安全销的承受压力值时，胶皮阀塞在液体高压作用下上移，推动推杆剪断安全销，阀体液流通道打开，高压液体从阀排出口排出，使泵压力下降，从而起到了安全保护的作用。

第五节 洗井车和水泥车

42. 洗井车的作用是什么？

洗井车是专门设计用于满足泵注高压液体需要的一种作业设备。利用汽车发动机动力驱动三缸柱塞泵来进行洗井、替泥浆、冲沙等循环作业和管线试压作业，也适应于注水、洗井、喷沙、射孔、解堵等作业；还可以用于煤矿预排煤气、注浆、堵水、水力采煤和船舶除锈等其他需要高压泵注液体的作业。该车主要用于油田注水井的清洗，具有清洗效果好，污水不外排，节省大量注水，降低注水管网压力等特点，是一种环保、经济、高效的油田作业设备。

43. 洗井车主要由哪些部件组成？

以 JHX5252TJC 型洗井车为例，它是以陕西汽车集团有限责任公司 SX1254BM434/6×4 二类汽车底盘为安装基座，其主要由水箱、传动系统、三缸泵、蓝式过滤器、海绵过滤器、滤芯过滤器、悬臂吊、液压支腿系统、加药系统及管汇系统等组成。为集中操作控制，在车的一侧设有操作箱。在汽车变速箱附装两个取力器，为液压支腿系统、三缸泵提供动力。另外还附带安全防护设备。

JHX5252TJC 型洗井车的液路系统由取力器带动齿轮泵工作，使两个液压支腿支撑在地面上，液压支腿主要作用是减少洗井车在工作时的振动。两个液压支腿只起辅助支撑作用，不能让两个液压支腿过分用力将车轮离地。液路系统主要由油箱、各换向阀、控制阀、压力表、液压支腿、悬臂吊液缸、各种型号的胶管接头、胶管等组成。管汇系统其功能是液体流向控制、输送液体等，主要由各种阀门、管件等构成。高压管汇总成功能是承装本车出液口与井口相连的高压胶管，主要由高压胶管、接头和管架组成。高压阀门组其功能是可实现井口进出水正反洗转换，主要由高压闸阀、高压管线等组成。气路系统其功能：一是洗井作业出现异常情况时紧急停车用，二是加药罐的加药动力源。气路系统由二位三通阀、棱阀、接头、卡箍等组成。传动系统功能是将发动机动力通过汽车变速箱、全功率取力器、传动轴、传动箱传送给三缸泵。主要由全功率取力器、传动轴和传动箱等部件组成；悬臂吊功能是悬臂吊用于维修时起吊海绵过滤器和滤芯过滤器上封头体。主要由悬臂吊液缸、手动葫芦、吊架等部件组成。

44. JHX5252TJC 型洗井车水处理设备由哪些部件组成？作用是什么？

主要有篮式过滤器、海绵过滤器、滤芯过滤器，它们的组成及作用如下。

（1）篮式过滤器　由罐体、筛管、进出水管汇等组成。来水由进水口进入，经过筛管，将较大颗粒的油污及泥沙拦截在外面，水由筛管内流出，进入下一级。篮式过滤器共两套，为一用一备。

（2）海绵过滤器　主要由罐体、过滤海绵、挤压机构等构成。采用过滤海绵作为过滤介质，过滤时含油污水从下到上流过海绵滤床，去除油和大部分悬浮固体颗粒，由排出口排出，流入下一级。过滤海绵采用机械挤压式反洗方式，海绵受挤压后，将海绵中截留的油和悬浮物分离出来，由罐体底部排污口排出，使海绵滤料得以再生。海绵过滤器共三套，通过阀门转换，可实现单级、两级串并联及三级串联（依据现场处理情况而定）。

（3）滤芯过滤器　由罐体、陶瓷滤芯等组成。来水由进水口进入，流经陶瓷滤芯，将细小颗粒的油污及悬浮物拦截在外面，水由陶瓷滤芯内流出，进入清水箱。陶瓷滤芯采用气和水反冲洗方式，由罐体顶部管汇接入反冲洗水和气，污物由底部排污口排出。

45. JHX5252TJC 型洗井车的工作原理及主要技术参数是什么？

注水井口油管返出的液体首先进入篮式过滤器，将大颗粒的泥沙除去；随后进入海绵过滤器，去除其中的大部分油粒及悬浮物；最后进入滤芯过滤器，除去其中更小的油及悬浮物；处理后的水进入清水箱，水箱中的滤后水再由三缸注塞泵输送进入注水井井口套管，形成循环洗井作业。主要技术参数如下。

(1) 额定洗井流量：$35m^3/h$。
(2) 最大洗井流量：$40m^3/h$。
(3) 最大洗井压力：8MPa。
(4) 车载水处理设备工作压力及适用温度：

篮式过滤器≤0.8MPa
海绵过滤器≤0.8MPa
滤芯过滤器≤0.8MPa
适用介质温度 0~60℃

(5) 适用介质：含油量≤2000mg/L，悬浮物含量≤2000mg/L。
(6) 处理后水质：含油量≤10mg/L，悬浮物含量≤3mg/L。
(7) 满载最大车速：≥70km/h。

46. 水泥车的作用是什么？

水泥车是专供油气井进行循环、冲洗的特种车辆，是重要的循环设备，压井、固井作业时，可以用来搅拌水泥浆，向井中注入水泥浆，以达到封固套管、井壁的作用，采油时可以向井内挤入清蜡剂、杀菌剂等，以达到清蜡、杀菌的目的；在井下作业时，可以用来洗井、冲砂、清蜡、套管试压、找窜、堵水、打水泥塞、替油、低压酸化压裂等。

各油田使用的水泥车型号较多，但其结构和工作原理基本相同，如 SNC - H300 型、SNC - 400 各型、GJC40 - 17 型、SNC35 - 16 Ⅱ 型等。

47. SNC - 400 Ⅱ 型水泥车结构如何？

SNC - 400 Ⅱ 型水泥车是中国石油天然气集团公司钻采设备研究所设计、航天部成都发动机公司制造的产品。它的外形如图 3 - 35 所示，主要由运载汽车、车台发动机、柱塞泵、水泵、操作台、计量罐、管汇等组成。

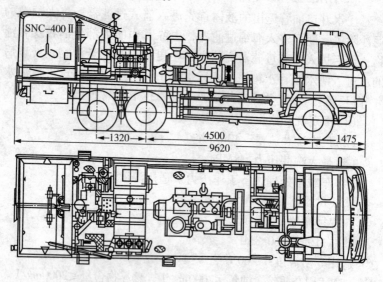

图 3-35 SNC-400 Ⅱ 型水泥车外形

从图中可见，汽车驾驶室后依次安装柴油机、柱塞泵、水泵、操作台、变速箱和计量罐，车台两侧设置高压管、活动弯头和吸入软管等。

48. SNC-400 Ⅱ 型水泥车的工作过程是什么？

如图 3-35 所示，SNC-400 Ⅱ 型水泥车的柴油机通过离合器和万向轴将动力传至变速箱，变速箱通过输出轴最后带动柱塞泵工作，水泵的工作由副轴通过弹性连轴节传递。

冲砂或循环作业时，柱塞泵从外界管线吸入液体，加压后泵入井内，实现施工目的。固井时，水泵从计量罐或外界管线吸入清水，经其加压后流至混合器，通过混合器喷嘴节流，使之形成真空并将干水泥吸入，混合成水泥浆后流入水泥浆池，最后由柱塞泵吸入泵进井中。井下作业常用该水泥车进行中、深井的冲砂、循环等作业。

49. CPT986 水泥泵结构如何？动力端由哪些部件组成？

CPT986 水泥泵结构如图 3-36 所示。

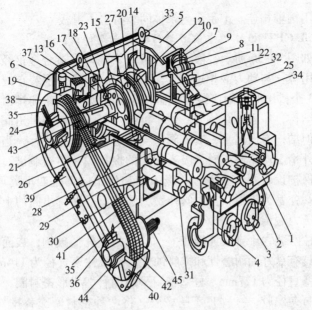

图 3-36 水泥泵总成

1—液力端总成；2—进水管总成；3—进水管排水帽；4—"O"形密封圈；
5—动力端泵壳总成；6—动力端泵盖；7—小齿轮轴承盖；8—小齿轮锁紧螺母；
9、19、21、44—轴承；10—主动小齿轮；11—主动轴；12—被动轴大齿轮；
13—被动轴齿轮；14—连杆；15、16—偏心轮；17—连杆轴瓦；18—连杆座；
20—连杆螺栓；22—止推轴承；23—被动轴；24—偏心轮键；
25—十字头；26—连杆销轴；27—连杆销轴铜套；28—密封盒；29—甩油盘；
30—连接螺栓；31—螺母；32、33—吊环；34—壳体；35—油杯；
36—油环；37—通气器；38—链条箱上盖；39—链条箱中部；
40—链条箱下部总成；41—链条；42、43—链轮；45—链条箱下端轴

动力端由泵壳、主动轴、被动轴、偏心轮、传动齿轮、连杆和十字头等组成。泵壳为耐腐蚀钢板，经压制而成，质量轻，强度高。动力端齿轮为斜齿，主动齿轮为25齿，安装在主动轴的两端，主动轴用滚动轴承装在泵体的上部，最大转速为1512r/min。被动轴为直轴结构，采用锻钢件，被动齿轮装在主轴的两端，中部安装三个双键偏心距为63.5mm的偏心轮，偏心轮为铸钢件，主轴最大转速为350r/min。连杆大头分为两半，采用平切口螺栓连接方式，与偏心轮用滑动轴承相连。连杆小头与十

字头用销轴相连。十字头与泵体间装有上下滑板。

50. CPT986 水泥泵液力端结构特点是什么？

如图 3-36 所示，液力端的液缸为整体锻造合金钢经加工而成，用螺栓与动力端相连接，3 个吸入阀和座分别装在液缸的下部。3 个排出阀和阀座装在液缸的上部。吸入阀座和排出阀座为锥体结构，压紧在泵体内，便于拆卸。吸入阀座和排出阀尺寸相同，但结构有所区别，吸入阀上安装有超压保护膜片，当水泥泵因意外情况产生高压时，吸入阀上的保护膜片将被刺破，使泵泄压，保护设备及人身安全。吸入阀和排出阀都是四爪翼形导向，吸入阀弹簧为锥形，排出阀弹簧为圆柱形。在排出阀的上部装有一个压力表传感器。

柱塞装在十字头连接杆上，材料为热轧低碳钢，表面喷涂处理，具有良好的耐磨性和抗腐蚀性，前泵柱塞直径为 114mm，后泵柱塞直径为 127mm。柱塞密封采用两种"V"形密封圈，一种是石棉布夹橡胶，一种是丁腈橡胶，将两种密封圈交替排列安装，由衬托铜环组件进行调整，压盖压紧。

51. CPT986 水泥泵润滑系统的结构特点是什么？

润滑系统分为动力端和液力端润滑，分别采用不同的驱动方式，互不影响工作。

动力端润滑：由台面发动机驱动齿轮油泵从动力端的润滑油池中将油抽出，经过机油滤清器和单向溢流调节阀将油输送至各润滑部位，润滑主轴及主动轴两端的轴承和十字头销套等。

液力端润滑：由空气驱动的立式油泵，从液力润滑油池中将油抽出，通过分配器均匀地输送到三个柱塞密封圈以及润滑三台离心泵轴承。油泵输油量的大小可以由驱动油泵的气量调节阀来调节。

52. 水泥车用水泵的作用是什么？

水泵是水泥车台面上的辅助设备，是为混浆系统完成自配固井水泥浆和使水泥浆产生再循环提供动力而配制的。常用的有立式三缸柱塞泵或离心泵。CPT986、SNC35-16Ⅱ、GJC40-17 等水泥车使用的是 4×5RA45 型离心泵、Lagbour5×6 离心泵、13MISSION 离心泵、5×6PN 离心泵。虽然离心泵的型号不同，但工作原理是一样的。

53. 4×5RA45 型离心泵的结构如何？

4×5RA45 型离心泵分上、下两部，安装在车的左侧，下部的泵为供水泵，主要用来把水或其他液体供给计量水柜或直接供给水泥泵。上部的泵为喷射泵，主要用来向龙卷风混合器内注入高速液体。结构如图 3-37 所示。

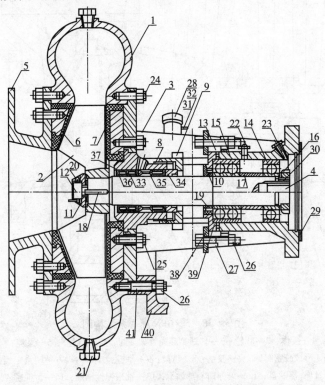

图 3-37 4×5RA45 型离心泵结构图

1—蜗壳；2—叶轮；3—支撑架；4—叶轮花键轴；5—吸入端连接法兰；6—前盖板；7—后盖板；8—填料盒；9—填料盒螺母；10—轴承盖；11—叶轮锁紧帽；12—螺钉；13—轴承垫片；14、15—滚珠轴承；16—轴承锁紧垫圈；17—轴承隔套；18—键；19—油封；20—开口销；21—管塞；22、23—黄油嘴；24、25—双头螺栓；26、27—六角螺母；28—帽；29—垫片；30—锁紧螺母；31—密封盒螺母插销；32—弹簧；33—油封；34—离心泵密封垫；35—离心泵水封环；36—离心泵填料盒底衬环；37—挡圈；38—轴承盖压板；39—挡圈；40—托架；41—双头螺栓

155

54. SNC35-16Ⅱ水泥车离心泵的结构如何？

SCN35-16Ⅱ型水泥车台面上装有一台4×5RA45离心泵和一台5×6PN离心泵。4×5RA45离心泵的结构如图3-37所示，5×6PN离心泵的结构如图3-38所示。

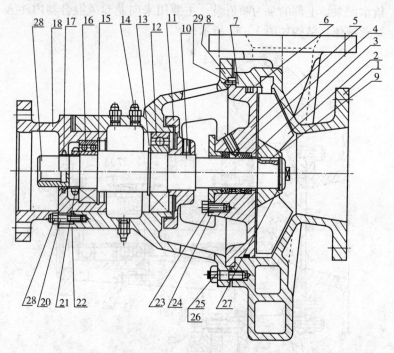

图3-38 5×6PN离心泵结构图

1—泵体；2—叶轮；3—普通型高速骨架油封；4—水封环；5—泵盖；
6—O形橡胶密封圈；7—胶垫；8—悬架；9—平键；10—内六方平端紧定螺栓；
11—挡油盘；12—单列向心球轴承；13—轴用弹性挡圈；14—黄油嘴；
15—孔用弹性挡圈；16—双列向心球轴承；17—羊毛毡圈；18—轴承座；19—轴；
20—双头螺栓；21—圆螺母；22—调节垫片；23—螺栓；24—铜套；25—双头螺栓；
26—小圆角螺母；27—叶轮螺栓；28—螺母；29—圆柱销

55. 施工过程中如何操作离心泵？

（1）仔细检查车台设备，确保正常运转。

（2）启动柴油机，接通离心泵的液压马达，检查泵的上水情况。

(3) 根据施工的要求，调节排出阀门的开启度，从而调节离心泵的排量，泵送水泥浆和清水进行固井施工。

(4) 施工结束后，泵送清水清洗管路系统、离心泵和柱塞泵。

(5) 检查离心泵的液力端和其他部位。

(6) 关闭阀门、停泵。

56. 水泥车的技术规范包括哪些内容？

井下作业施工时掌握水泥车的性能，能更好的选配和使用设备，保证施工的顺利进行，现以 SNC35-16Ⅱ水泥车为例介绍水泥车的技术规范。

表 3-1　SNC35-16Ⅱ水泥车技术性能表

主车	水泥车型号	SNC35-16Ⅱ	水泥泵	型号	DS 型
	装载车型号	铁马 SC2830(6×6)		匹配功率/kW	257
				型式	三缸单作用柱塞式
	发动机功率/kW	220		缸套直径/mm	127
	发动机扭矩/N·m	814		柱塞行程/mm	127
	行驶速度/(km/h)	76		最大压力/MPa	35
	轴距/mm	4500+1350		最大排量/(m³/min)	1.54
	轮距(前)/mm	1994	水泵	型号	RA45 离心式
	轮距(后)/mm	1802		最高转速/(r/min)	2200
	最小转弯半径/mm	9500		最大压力/MPa	0.2
	型号	MWMTBD234V8		最大排量/(m³/min)	2.1
	功率/kW	367	其他	混合器工作能力/(t/min)	2.9
	扭矩/N·m	1980		水柜容积/m³	4
	转速/(r/min)	2100		总重/kg	21000

57. 水泥车作业前应做哪些检查和准备？

(1) 作业前检查

认真阅读该《使用和维护说明书》，以便熟悉水泥车的特点和性能，逐渐了解、熟悉、掌握该车的操作过程，从而熟练地操作水泥车。

检查各个手动阀门转动情况是否良好,是否按照要求关闭了相应的阀门。

检查发动机机油油面。

检查燃油箱油面。

检查发动机风扇皮带、冷却管接头,燃油及机油滤清器和空气滤清器是否需要调整,是否渗漏。

检查发动机冷却液面。

检查传动部位有无障碍。

检查转动部位各种紧固情况。

检查传动箱油面。

检查链条箱油面。

检查柱塞泵动力端面。

(2)作业前的准备工作

根据作业要求排出管线的旋塞阀打开或关闭。

通过吸入软管将水泥车的吸入口与液源进行连接。

通过高压直管、活动弯头将水泥车排出口与压管汇进行连接。

给传动轴加油。

给链条箱轴承加油。

给转速表传动机构加油。

排放水气分离器中的冷凝水。

启动发动机。

给旋塞阀加油(定期 6~9 月加一次油)。给旋塞阀加油应把气动蝶阀拆除,取下传力杆,向内注入黄油。

停止发动机运转。

58. 如何启动车台发动机和柱塞泵?

不同型号水泥车使用方法不同,具体可参阅随机使用说明书,下面介绍一些基本要求,以供参考。

(1)环境温度低于 0℃时,应对柴油机冷却液、润滑油加温,使水温、油温均高于20℃。

(2)台下载运汽车须停放在平实的场地，拉紧手制动。

(3)旋开燃油进、回油阀，拉动手动预供燃油泵，松开燃油滤清器上的放气螺塞，排出燃油系统中的空气，直至放出的燃油无气泡为止。

(4)合上柴油机电源接地开关，并将变速箱挡排挂在空挡位置，打开电源开关，检查各仪表、指示灯是否完好。

对于用电气控制换挡的特种作业车，当气压指示低于规定数值时，应用汽车发动机供气使台上机组的控制气路气压达到规定数值，调整调速器于空挡位置。

(5)松开速度控制（油门）手柄或调节旋钮，使柴油机油门控制装置在怠速位置。

(6)利用柴油机盘车装置，将柴油机曲轴盘动1~3圈，或手推电磁停车阀，使柴油机不能启动，按下启动按钮，每次按下时间不超过10s，共操作3次，然后让电磁停车阀复位。

对于有预供润滑油油泵的柴油机，启动油泵使柴油机机油压力超过0.25MPa。

(7)踏下离合器踏板，按下启动按钮，启动柴油机。如果三次未启动，应检查各系统并排除故障。

(8)柴油机启动未松开离合器踏板，检查柴油机机油压力、机油温度、冷却液温度及充电等各仪表指示是否在规定的技术要求范围内。查听各传动部件有无异常声响，查看排烟状况及有无漏油、漏水、漏气现象，发现异常应停机排除。

(9)检查离合器分离、结合是否正常，有无发热冒烟现象，传动轴运转有无抖动等异常现象，变速箱有无异常现象，否则停机检查并排除故障。

(10)控制柴油机转速由低速到中速运转，待柴油机机油压力超过0.5MPa，油水温度超过45℃后，可挂挡带动泵运转。

(11)柴油机运转正常后，按施工要求，接好上水管线和排出管汇，打开上水闸阀和循环针形阀（放空阀），关闭高压出口闸阀或井口阀。

(12)控制柴油机为低速状态，踏下离合器踏板，挂低速挡位，缓慢放松离合器踏板，泵运转并使工作腔充液，进行液体循环。

(13)观察泵润滑油油压表、温度表的指示是否在规定的技术要求范围内，柱塞是否进行有效润滑，否则应检查并排除故障。

(14)缓慢控制放空阀到 5~15MPa（压力表显示），检查柱塞密封圈、泵头阀盖、闸阀接头、管汇等处有无泄漏现象，否则进行整改。

(15)查听泵及变速箱有无声响、冒烟及密封处渗漏油现象，否则停泵排除。

(16)察看泵排液情况，如果排量不足，应停泵检查泵阀、密封圈、上水管路及闸阀状况，排除存在问题。

59. 如何根据施工要求操作往复泵？

(1)按井下作业施工工艺技术要求及在现场工作人员的指挥下，摆放特种作业车，并制动有效，连接特车泵进液、排出管汇；关闭井口阀，按要求开闭好进、排管路上的各类闸阀。

(2)先对连接井口的高压管汇进行试压，打开泵进液蝶阀（上水阀）、出口高压旋塞阀，关闭放空阀（针形阀）。先挂最高挡位，控制柴油机转速在 800~1000r/min 之间，观察压力表指示，当高挡位试到某一压力值，柱塞将停止运动时，立即踏下离合器踏板换相邻低挡位继续运转；当该挡位使泵压上升到一定压力柱塞即将不移动时，再立即踏下离合器踏板进行减挡操作；以此类推达到所试泵压值后，稳定时间不少于5min，管线不刺不漏为合格。

如果由数台机组联合施工，应逐台起泵循环泵液，各机组上水良好后停泵，最后选一台机组对管汇试压。

使用一挡试压时，应防止憋泵，即防止泵压超过泵本身规定的最高压力。

(3)发现管汇刺漏时应立即停泵，侧身缓慢打开放空阀泄压后，再用锤子砸紧所刺漏部位的接头。

（4）配合修井施工时，按照施工工艺要求及现场指挥安排，参照特车泵的工作性能参数，选择适当的挡排，控制好柴油机转速，开、闭好各类闸阀，逐项进行操作。

施工中途避免不必要的停泵，以防影响修井质量。

（5）随后观察泵的工作状况及泵压显示，服从现场人员指挥，及时调整、控制柴油机和泵的运转状况。

（6）观察台上机组运转状况、仪表指示、管汇情况，发现异常及时排除，防止事故发生。

（7）施工完毕后，应循环一定量的清水，清洗泵液力端及管汇内腔，以排除污染液、腐蚀液及堵塞物等。

放压操作，先关闭井口阀，后打开针形阀即放空阀，关闭上水阀，使高压管汇及泵卸压。

（8）将柴油机转速降至低速运转 5min 左右，使机体温度降低到 60℃ 以下再停机，关断电源开关及仪表开关。

（9）拆卸管线、弯头并按要求在相应位置放好固定。在冬季寒区，气温在 0℃ 以下时，应打开泵腔及放水丝堵、闸阀等排出积水，倒空各管线内的积水。

60. 施工完工后应做哪些检查？检查的要求是什么？

（1）施工完毕后，应将变速箱置于空挡位。控制柴油机在低速状态下的运转，待机温降低到规定要求时方可停机。

（2）停泵前应对泵腔及进、出口管线进行清洗循环，打开放空阀，待泵内及循环管线清洗干净后，再使泵空转半分钟后停泵。放净泵及管线内积水，泵的入口管线内严禁再留泥浆等物。

（3）拆除摆放好高低压管线及高压传动弯头，固定牢靠。清点、收拾好各类工具，填写好施工单及设备运转资料。

（4）打开泵阀盖，检查阀胶皮及阀零件的磨损、损坏情况及柱塞等零件的磨损情况，必要时更换。

（5）按要求进行例保作业，对松、旷、漏问题进行整改，对缺少的润滑油、冷却液应补充添加。

61. 水泥车使用过程中应注意哪些问题?

(1) 开、关闸阀操作原则:先打开排出阀,再打开进液阀;先关闭进液阀,再关闭排出阀。

(2) 连接的高压管线试压遵循的操作原则是:高挡位、低油门。随发动机负荷带泵能力逐步减挡,不断提升泵压。在一挡时防止憋泵。

(3) 车应摆放在井场的上风口。

(4) 在带压作业的高压管汇、泵头等区域、部位,严禁人员进入、滞留。

(5) 换挡操作时应使柴油机在低速,挂合挡后缓慢提升油门,防止猛轰油门。

(6) 禁止柴油机、泵超负荷、超压作业。

(7) 操作人员应穿戴好劳保服装,保证齐全。在酸化等施工中,防毒措施应有效。

(8) 压井等作业时,选用泵的大排量挡位,避免中途停泵,否则造成压井液气浸,影响修井施工质量。

(9) 高压闸阀操作时应侧身,禁止身体部位正对闸阀手柄中部(阀芯处)。

(10) 发生强烈井喷未能及时关闭防喷器时,立即停机。

62. 如何分析、判断水泥车柱塞泵的故障?

常采用听、看、闻、摸和必要时拆卸检查的方法,判断故障的类型及发生故障的部位和原因。特车泵由于使用条件复杂,转速、温度、载荷、润滑等条件都在工作中不断发生变化,这样不可避免地会出现各种各样的故障。从外表观察,常见故障表现出以下几个特征。

工作反常:转速变化异常,运转振动过大,自动停机,再启动困难或不能启动。

响声反常:特车泵在运转时有刺漏声、喘啸声和金属敲击声等。

气味反常:有焦味、烟味和臭味等。

温度反常:散热器温度过高,动力端机体过热,润滑油温度过高等。

外观反常：有滴漏液、冒烟、漏油、刺漏液等现象。

检查时注意事项：分别在特车泵低负荷和高负荷情况下进行检查，并注意安全。

实践证明，了解设备结构、原理及性能对判断故障极为重要。找到故障的根源，排除故障的关键是准确判断，解决问题的办法就是我们常用的紧固、调整、润滑、清洗、添油、加水、更换或修复已损坏的零部件。

63. 水泥泵液力端(泵头)常见故障及排除方法是什么？

常见故障及排除方法如表3－2所示。

表3－2　水泥泵液力端(泵头)常见故障及排除方法

故障	原因	排除方法
吸入压力低	吸入水头过低； 供液泵容量过小； 液体流阻过大； 仪表失准	适当提高供液面； 提高供液泵的速度； 从吸入管线移去节流装置； 校对好仪表或更换新仪表
排出压力低	地面管路、井口管道及井下管路故障； 泵阀弹簧断裂，泵阀卡住； 泵阀及阀座磨损，阀密封胶皮被刺坏； 柱塞密封磨损； 压力表不准	排除地面管路、井口管道及井下管路故障； 用六角扳手卸下吸入盖止动螺母，用带丝扣的锤击式拉力器卸下吸入盖更换阀弹簧，扶正阀体及除去支持物； 及时更换阀体及阀座总成，更换密封胶皮； 更换柱塞或盘根； 及时校对或更换压力指示表
液体敲击，排出管线振动	液体敲击即走空泵，说明空气进入吸入管线或供液泵； 吸入稳压器的液体中含有气体； 排出液体脉动节流排出管线时无支撑，造成悬空	修理吸入管线； 修理或更换节流装置； 增加支架，防止管线悬空，拧紧或更换柱塞盘根压帽或密封，修理或重新平衡吸入稳定器，排出吸入稳压器中的空气

续表

现象	原因	排除方法
泵头刺漏	阀盖或缸头松动； 垫片磨损； 缸头压体密封圈损坏，或缸头压体安装不正； 密封表面磨损	上紧阀盖及压体； 更换垫片； 重新安装缸头压体或更换阀盖及缸头； 修复液力端密封表面
阀件寿命短	高压含砂液的冲刷； 泵阀密封不严，泵不能充满； 液体中有空气，走空泵； 脉动节流严重； 泵送介质腐蚀性大，施工完后没有及时冲洗泵腔，闷密封胶体损坏； 阀胶皮低于阀体接触面	过滤液体中的杂物； 更换断裂的阀弹簧； 更换磨损的阀导向装置； 更换磨损的阀体、阀座；排除节流装置的故障； 施工完毕应及时冲洗泵腔，防止过早被腐蚀； 选用合适的密封胶皮
液力端有周期性敲击声	柱塞弹性杆没有上紧； 弹性杆端面与十字头伸出杆端面和柱塞两端面留有间隙，在柱塞往复运动中，因周期性的碰撞而产生敲击声	检查柱塞弹性固紧情况，上紧弹性杆；停泵，转动泵曲轴，使柱塞移到前端死点，再转动曲轴，能发现柱塞与十字头伸出杆端面有间隙出现，找出原因后上紧弹性杆，若无法上紧，应调整弹性杆长度。工作时，发现柱塞与十字头伸出端面渗出液体，可以确定也是弹性杆没有上紧所致
泵启动注水困难	阀翘曲； 阀弹簧断	检查并校直阀； 更换弹簧
排出口泄漏	密封套上密封圈磨损； 排出口腐蚀	更换O形密封圈； 更换液力端

64. 水泥泵动力端常见故障及排除方法是什么？

水泥泵动力端常见故障及排除方法如表3-3所示。

表3-3 水泥泵动力端常见故障及排除方法

故障	原因	排除方法
动力端异常，出现异常响声	泵的旋转方向相反；活塞、连杆、柱塞、十字头、连杆盖、轴承盖或壳松动；十字头销、十字头销衬套、曲轴销、轴承、曲轴本身、十字头本身、主轴承或支撑轴承磨损	检查安装方向及修正转向；调整好所有松动的部件；磨损超过极限的零部件应及时更换或采取相应的修复方法
动力端有水泥	水泥浆经液力端密封喷射或渗漏到连接箱并经十字头密封进入动力端	放掉水泥浆，用水冲净，并灌满柴油（循环15min后放掉柴油）。然后用清洁柴油重复以上动作。更换液力端密封，十字头密封，润滑系统过滤元件，连杆衬套，最后加注清洁油
十字头密封渗漏	密封圈从座中松开或磨损；十字头杆被腐蚀和变粗糙；密封圈磨坏了	清洗密封座圈；十字头杆部镶套；安装新的密封圈
密封寿命缩短	润滑系统堵塞；柱塞表面粗糙度增大；安装不合理；密封孔磨损	清洗并检查阀；更换柱塞；参见密封安装说明；如果磨损槽深于0.4mm应更换液力端
密封冒烟	缺油；润滑系统堵塞；密封螺帽太紧	检查润滑油箱；清洗件并检查阀；参考密封说明书，调整密封螺帽
油中渗有水（油变浊）	冷凝水渗漏	更换油并清洁滤清器

65. 往复泵每天保养的内容有哪些？

停泵后应检查动力端的油位，还应检查喷淋润滑情况及油箱的油位，检查喷淋孔是否畅通；观察缸套与活塞的工作情况，有少量钻井液随活塞拖带出来（单作用）是正常现象，继续运行直到缸套发生刺漏时，需及时更换活塞，并详细检查缸套磨损情况，必要时更换缸套；检查喷淋水箱的水量和污染情况，必要时予以补充和更换；检查喷淋盒嘴是否畅通；检查排出空气的充气压力是否符合操作条件的要求；检查吸入缓冲器的充气情况；每天把活塞杆、介杆卡箍松开，把活塞转动1/4圈左右，然后再上紧卡箍，以利于活塞面均匀磨损，延长活塞和缸套的使用寿命；泵在运转时要经常检查泵压是否正常，密封部位有无漏失现象，泵内有无异常响声，轴承温度是否正常。

66. 往复泵每周的维护保养内容有哪些？

检查高压排出四通内的滤清器是否堵塞，并加以清洗；检查阀盖、缸盖密封圈的使用情况，清除污泥，清洗干净后涂钙基润滑脂；清洗阀盖、缸盖螺纹，涂上二硫化钼钙基润滑脂；检查阀杆导向套的内孔磨损情况，必要时予以更换；检查阀、阀压板、阀座的磨损情况，必要时予以更换；若主动轴传动装置是具有锥形轴套的大皮带轮时，需检查拧紧螺钉。

67. 往复泵每月的维护保养内容有哪些？

检查液力端所有双头螺栓和螺帽并予以紧固；检查介杆密封盒内的油封，必要时予以更换；检查动力端润滑油的污染情况，每六个月换油一次，并彻底清理油槽；检查介杆和十字头螺栓是否松动，松动时予以紧固；检查人字齿轮的啮合情况和磨损情况；检查安全阀是否灵活可靠。

第六节　压裂车

68. 压裂设备的作用是什么？

压裂设备主要包括压裂车、混砂车、管汇车、拉砂车和仪表车等。

压裂设备的作用是利用压裂车将压裂液提高压力后挤入地层，使其在井底生产层压开新的裂缝或扩展原始裂缝，并通过混砂车将支撑剂按一定的比例和压裂液混合供给压裂车，使携砂液进入地层，充填压开的裂缝，形成高渗透率区域，从而提高油井的产量和注水井的注入量。根据压裂设备的作用，压裂设备应满足以下要求：要有一定的压力和排量，保证压开油层，并使被压开裂缝的半径满足设计要求；要有连续可靠的工作性能；主要设备要有较好的耐磨和耐腐蚀性。压裂车和混砂车的混砂泵、压裂泵等设备处在带砂、带酸的液体下工作，砂子对零件有磨损作用，酸液对零件起腐蚀作用；因此，要求这些设备的有关零件要有较好的耐磨性和抗腐蚀性，以满足各种压裂施工的需要；要有良好的越野性能。

69. 压裂车由哪些部件组成？

目前石油行业用的压裂车的型号较多，早期美国进口的较多，随着中国装备制造水平的提高，现国产压裂车各项性能已经能满足生产需要。

压裂车（或压裂机泵组）一般分为车装式和橇装式两大类。车装式压裂机泵组通常叫作压裂车，而压裂车又分为车装和半拖挂两种。橇装式压裂机泵组专供交通不便的地区和海上作业中使用，所用设备和压裂车完全一样。目前，我国仅生产车装式压裂机泵组，即压裂车。

虽然压裂车的型号不同，但组成和工作原理基本相同，主要由运载汽车、车台发动机、变速箱、压裂泵、操作台和管汇等组成。如图3-39所示。

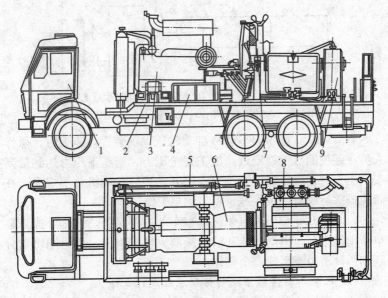

图3-39 YLC-1050型压裂车外形图
1—奔驰汽车；2—构架系统；3—卡特彼勒3508TA型柴油机；4—电器仪表箱；5—高压管线；6—艾里逊DP8962型变速器；7—压裂泵冷却润滑系统；8—压裂泵；9—无声链条箱

70. YLC-1050型压裂车的结构特点是什么?

它是移动式压裂、酸化设备,能在各种工况下泵送高压液体施工,如酸化压裂、水力喷砂、煤矿高压水力采煤、注水排气、船舶的高压水力除锈等作业。

YLC-1050型压裂车主要由奔驰4436/45、8×4或2628/45、6×6型卡车底盘、卡特彼勒3508TA型柴油机,艾里逊DP8962型全扭矩动力换挡变速箱,齿式无声链条箱,卧式三缸单作用柱塞泵,高低压管线,电器仪表箱等部分组成。

压裂泵的动力是由卡特彼勒3508TA型柴油机、经艾里逊DP8962型变速箱及齿式无声链条输入。如图3-40所示。柴油机的启动、加速、减速、正常停车和紧急刹车;变速箱的换挡;压裂施工参数的监测等均在远离压裂车38m以外的地面(仪表车)上操作。

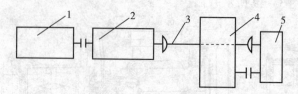

图3-40 YLC-1050型压裂车传动箱示意图
1—柴油机;2—DP8962传动箱;3—万向轴;4—压裂泵;5—链条箱

YLC-1050型压裂车装有自动超压保护装置。施工时,操作人员在遥控面板上确定最高施工安全压力,当施工压力达到最高安全压力时,超压保护系统自动断开动力,柴油机并不熄火。在超压排除后,可以很快地重新启动泵工作。

YLC-1050型压裂泵是该压裂车的主要设备。它是卧式三缸单作用柱塞泵,由动力端和液力端两大部分组成。动力端可以分别和两种液力端组成一个整体。

71. 压裂车的传动系统的传动原理是什么?

传动系统主要由变速箱、万向轴、减速器、链条箱等组成。其中变速箱有纯机械式和液力变速器两种。纯机械式如图3-41所示,它结构简单,成本低,效率相对较高,维修方便,主要是俄罗斯和罗马尼亚等国家进口的车型使用较多。液力变矩器如图 3-40 所示,是目前压裂车使用较多的变速箱,它由两部分组成,分别是液力变矩器和行星齿轮变速器,它的特点是体积小、启动平稳、传动柔和、工作稳定可靠、过载能力较强、结构复杂、装配精度高。

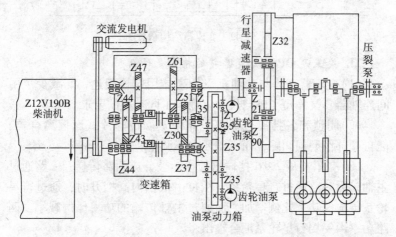

图 3-41 YLC-1000D 型压裂车传动示意图

72. 艾里逊 DP8962 传动箱的结构如何?

用于 YLC-1050 型压裂车的艾里逊 DP8962 传动箱实际上是一个全扭矩动力换挡变速箱,包括一个三元件变矩器带自动闭锁离合器,一个液力阻尼器和采用液压闭锁离合器的常啮合行星齿轮传动装置。各部件的具体结构和工作原理可参阅修井机相关内容。

艾里逊 DP8962 传动箱(变速箱)的结构如图 3-42 所示,其中 d_0、d_1、d_2 分别为闭锁离合器,低分动离合器,5、6 挡离合器;T_1、T_2、T_3、T_4、T_5 分别为高分动离合器,3、4 挡离合器,2 挡离合器,1 挡离合器,倒挡离合器,它们都是圆盘式多摩擦片式。d_0、d_1、d_2 是摩擦离合器,用来闭锁行星排中的构件,使主、从摩擦片均处于转动状态;T_1、T_2、T_3、T_4、T_5 是摩擦制动器,用来制动行星排的某个构件,其摩擦片有固定的"定片"及转动的"动片"之分。

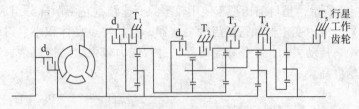

图3-42 变速箱结构示意图

73. 艾里逊 DP8962 变速箱的特点是什么？

(1) 变矩器壳体与柴油机飞轮壳体用螺栓相连，既减少了中间连轴器，又缩短了轴向尺寸，确保了同轴度的要求。

(2) 闭锁和各挡离合器都是靠弹簧回位的片式摩擦离合器，能自动补偿磨损间隙，而不需要人工调整。

(3) 变矩器从2~6挡输出的扭矩被分成两路传递：一路通过主轴，另一路通过行星轮系。挡位由低挡向高挡升时，通过行星轮系传输的功率比例增加，而通过主轴传输的功率比例减小。两路功率由一挡行星轮系汇合输出。

传动器工作时可满负荷不脱离动力换挡。也就是说，换挡时传递的功率不中断，不影响输出转速。这种特性适合压裂施工的加砂工艺过程，换挡时压裂泵不会停转，泵的冲程数没有明显下降，井下混砂液流速基本不变，因而不会因排量问题造成砂堵事故。

(4) 利用皮托管感应油压的变化来控制闭锁阀工作。皮托管感应装置是在涡轮轴带动的集油环速度达到一定值后，产生的液体动能被皮托管吸收为油压信号，驱动闭锁阀，使供油与闭锁离合器油路相通而闭锁泵轮与涡轮。闭锁离合器的脱开也是由于涡轮转速不足，使皮托管内油压降低，在闭锁弹簧的作用下，使阀芯移动，截断了供油与闭锁离合器通路，使传动器进入变矩工况。

74. 艾里逊 DP8962 变速箱的维护保养内容有哪些？

(1) 定期检查、清洗。清洗和检查的周期决定于使用环境，原则是：保持外部的干净，检查螺栓的松动、油的渗漏、油管的损坏和弯曲等。呼吸器应经常清除污物和灰尘。清洗油槽里的圆筒形油滤网。

（2）检查油面。冷油检查是指在柴油机不运转、传动器冷却下来的情况下，通过观察位于传动器左侧油面计进行，确定传动油油量能否保证传动器安全运转。热油检查的目的在于确定传动器工作时油量是否充足。

（3）换油和更换滤清器元件。换油的时间间隔依工作的环境和条件而定。换油时，排油应在传动器处于热机状况下进行。油排出后，即刻检查油被污染的情况，采取相应的措施。在每次换油时，都应更换滤清器元件。严防灰尘、污物、水和其他杂质进入变矩器内部。加注干净的液力传动油到油面计规定的油面，并进行冷油、热油检查，直到合格为止。

（4）检查油压、油温。注意观察仪表盒上的油压、油温表，绿色区段为安全范围。

75. 压裂泵结构如何？

压裂泵都为柱塞泵，多为三缸或五缸，压裂车的型号虽然较多，但所用泵的结构和工作原理基本相同，与水泥车的柱塞泵也基本相同，都是由动力端和液力端组成的。下面通过较典型的佩斯梅克Ⅱ型柱塞泵（图3-43），介绍压裂泵的结构。

76. 佩斯梅克Ⅱ型柱塞泵的动力端的结构特点是什么？

佩斯梅克（BJ-Pacemaker）型三缸柱塞泵，如图3-43所示，是美国BJ公司122-T型压裂车上的压裂泵结构图。该泵动力端机座（箱壳）由合金钢板焊接而成，内有一级齿轮减速。动力可由传动轴的两侧输入，使泵的曲轴可以顺时针或逆时针旋转。传动轴由两个实心轴和一段钢管组焊而成，质量轻，强度高，通过花键与小螺旋齿轮连接，两端采用青铜衬巴式合金滑动轴承，曲轴由高合金钢锻造毛坯，经过热处理加工而成，轴承也是青铜的并衬以巴氏合金。大螺旋齿轮用键固定在曲轴上，齿轮上还配以平衡重，使不平衡质量的振动状态趋于最小。连杆是整体铸造的，十字头由轻质高合金钢制成整体圆筒形。十字头及其导板和全部轴承靠压力油润滑。

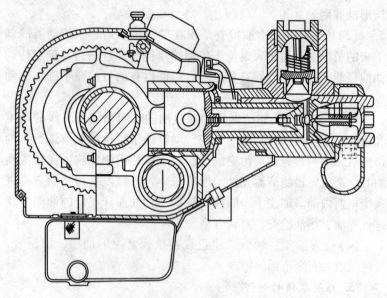

图3-43 佩斯梅克Ⅱ型柱塞泵结构图

77. 佩斯梅克Ⅱ型柱塞泵的液力端的结构特点是什么？

该泵液力端的液流通道采用T形结构，如图3-44所示。排出阀采用翼型导向；吸入阀采用柱型导向；相当于去掉吸入阀室部分，使液力端的质量减少20%~30%。泵头由整块高合金钢坯加工而成，内部有较厚的硬化层；柱塞有89mm、101mm和114mm（3.5″、4″和4.5″）3种规格，89mm柱塞由钢棒制成，将含硼和硅溶剂的铬镍合金用火焰喷焊到钢棒上，形成表面硬金属覆盖层，厚度达16mm；101mm、114mm柱塞是厚壁管状合金钢，表面也为硬金属覆盖层。通过密封盒中的支撑环向密封盒中灌注润滑油，对密封件起润滑作用；同时设置柱塞冲洗系统，用细的水流冲刷外露柱塞表面的细磨粒、泥浆或其他腐蚀性物质。

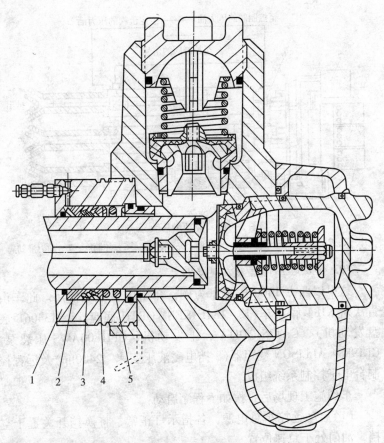

图 3-44 佩斯梅克Ⅱ型柱塞泵的液力端的结构
1—密封盒；2—后环；3—密封圈；4—前环；5—弹簧

78. 什么是液动增压泵？

近年来出现了一种新结构、长冲程、低冲次的液动增压泵，结构如图 3-45 所示。液动增压泵的工作原理是以大直径活塞带动小直径柱塞工作，大活塞的动力由普通压裂车打出的高压液体推动，动力液的进排顺序由控制阀控制。泵的最大压力可达 155MPa，冲程为 1.534m，压力波动小，可泵送含砂比很高的液体，适应深井和超深井压裂。

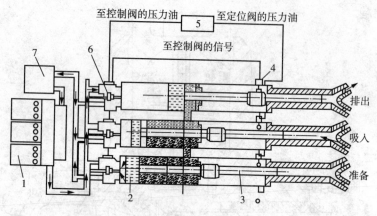

图 3-45 液动增压泵示意图
1—泵；2—活塞；3—柱塞；4—定位阀；5—液压油；6—控制阀；7—动力液储罐

79. 作业时如何启动压裂车？

这里以西方 1400 压裂车为例，介绍压裂车的使用。此车由肯沃斯 K184 底盘车（K-184E KENWORTH 底盘、CAT3406B 底盘发动机）、CAT3512DITA 台上发动机、OPI1800AWS 压裂泵、CLT9884 ALLISON 变矩器（8 挡电磁液压变速 2400hp）及远程控制台电子控制系统组成。

车到施工现场后，按如下程序启动：

（1）启动远控箱总电源，各指示灯正常，将换挡开关置于空挡，油门处于怠速位置。

（2）启动底盘发动机运转，待系统气压处于 0.6~0.9MPa 后，熄灭底盘发动机，踏下离合器踏板，将 PTO 控制阀扳到 IN 位置，然后启动底盘发动机，稳抬起离合器，使取力器与液压油泵挂合。

（3）启动台上发动机时，用左手按启动开关，右手同时按下第二个防误动启动开关，等发动机启动着后，两手松开，使两个开关同时复位。

（4）如果 10s 内发动机启动不着，应停止启动，等待 1min 后再进行启动；若 3 次启动不着，则应检查故障原因，待故障排除后方可再启动。

（5）台上发动机启动着后，应立即打开 OPI 泵柱塞盘根润滑开关。

（6）台上发动机运转正常后，进入驾驶室，踏下离合器踏板，用右手将 PTO 控制阀拨到解除位置，同时确定排挡在空挡位置，然后松开离合器，使汽车发动机熄火，关闭电源。

（7）台上发动机怠速运转 10min 左右，直到冷却液温度达到至少 54℃（130F），各部运转检查正常后，此时可适当加大油门，将转速逐步提高到 1200～1300r/min 待温或待命，待温度至少达 70℃后油门方可全开，即可进入全负荷工作状态。正常工作时转速为 1750～1800r/min。

（8）在发动机温度达 70℃以后，严禁长时间怠速状态下运转，否则对发动机危害较大，易造成积炭和拉缸。对于涡轮增压发动机，油压未达到 0.35MPa 以上，发动机转速不要超过 1000r/min。

80. 施工时如何操作压裂车？

（1）在 CAT3512 发动机运转待温阶段，打开柱塞润滑开关，将气压调整到 0.07～0.105MPa。

（2）将超压保护调零和测试，并用复位开关迅速复位一次。

（3）检查确保设备各部位工作情况正常，等待指挥指令。

（4）挡位有 7 个工作挡，1 个刹车挡和 1 个空挡，在换挡时必须注意：从 1—2、3—4、5—6 挡时必须压下挡位手柄，再顺时转动；而从刹车挡到 0 挡、从 0—1、2—3、4—5、6—7 到可直接转动，反过来换挡也是如此。

（5）正常施工开泵之前，必须先进行试压。

（6）试压前，按有关安全操作规程检查各项准备工作，事先应进行泵排空，然后关闭放空阀。

（7）根据指令，重新调整超压保护值，并根据试压值选定相对应的挡位并挂合。

（8）慢慢旋转油门调节旋钮，增大发动机的转速，但不能超过变扭器的锁定转速，并随时观察压力值显示，当接近确定的设定压力值时，应立即将挡位置于刹车挡位置，发动机转速立即置于怠速，然后检查泵及管线高压部位不应出现刺漏。

(9) 试压结束后，解除刹车，重新按指令调整好超压保护值，并用复位开关复位一次。

(10) 开泵前，应保证 OPI 泵的入口有一定的灌注压力，压力值应不低于 0.30MPa(42.8 psi)。

(11) 按施工指令，正确挂合挡位，并逐渐加大发动机油门，直到达到要求的排量。

(12) 发动机在正常工作工况下的转速必须处于 1700～1900r/min 之间。

81. 如何停车？

(1) 发动机正常停车，先将发动机置于高怠速，将变矩器至空挡，使发动机在 1000～1200r/min 下空负荷运转至少 5min，至冷却水温低于 85℃(176F) 后降低发动机转速至低怠速，此时，低怠速时间不超过 5min。

(2) 关闭柱塞润滑油泵。

(3) 在发动机低怠速时，检查发动机润滑油面，查看油尺 (ENGINE IDLING) 一面，油面应保持在 ADD(填加) 与 FULL(满油) 标记之间。检查变矩器油位窗中油面应在中间位置。

(4) 拨动远控箱或仪表远控台熄火开关至"关闭"位置，使发动机熄火，关闭主电源开关；若不能使发动机熄火，则要将发动机上的红色杆拉出，使其熄火；然后检查修理远控箱熄火电路系统。

(5) 泄压清洗泵内及管线内残余压裂液；冬季气温低于 0℃ 时，必须彻底排尽泵内及管线内的液体。

(6) 拆下远控电缆并将其绕至线盘内固定，盖好插头护盖，放置好远控箱。

(7) 拆掉高、低压管线及弯头并安放牢固。

(8) 按出车前巡回检查路线检查一遍，发现问题及时整改。

(9) 认真填写设备运转记录本。

82. 启动前检查的内容有哪些？

启动前应检查的内容如表3-4所示。

表3-4 西方1400压裂车启动前检查内容

序号	检查部位	检查点名称	检查内容及要求
1	台上发动机	机油	油面应在油尺的 ADD 与 FULL 之间并靠近 FULL 处，必要时添加
2	台上发动机	冷却液	液面应在膨胀水箱的中部，不足时应添加同型号的冷却液
3	台上发动机	气、液路管线	所有的气、液路管线及接头连接牢固，无渗漏
4	台上发动机	打气泵及发电机皮带	皮带完好，松紧度合适
5	燃油箱	燃油	油量充足，燃油管线紧固，无渗漏
6	液压油箱	液压油	油面应在标尺2/3以上；油箱出口球阀在开启位置，液压管线紧固，无渗漏
7	仪表箱	仪表箱及电缆	仪表箱固定牢固，接线无松动；各仪表完好；各控制按钮及超压保护开启正常
8	控制箱仪表	仪表、指示灯及操作手柄	电缆连接紧固，开启电源后，各指示灯正常；换挡开关置于空挡；油门处于怠速；压力表值为零
9	变矩器	液压油	油面在停车状态下应充满检查窗
10	变矩器	液压管线及接头	检查变矩器液压管路以及液压油节温器、滤清器等联接紧固情况，确保不渗不漏
11	OPI大泵	大泵润滑系统	油面应在检查窗4/5以上；OPI泵动力端各部润滑油管、润滑油压传感器、润滑油泵、粗细滤清器等完好坚固，油箱出口球阀在开启位置
12	OPI大泵	盘根润滑油及增压泵，柱塞辅助润滑油	油量足够使用，必要时添加；增压泵固定可靠，油、气管线无渗漏
13	传动轴	护罩及十字头	护罩固定良好；十字头连接紧固，润滑良好
14	散热器	散热器、支架及管线	支架固定牢固，螺丝无松、断；冷却风扇、冷却液马达及液压管路、四通道散热器必须坚固完好，无渗漏
15	全车	其他附件及高、低压管线	车上所有附件及高、低压管线必须固定牢靠，所有部件保护罩完好并坚固；各部件不渗不漏

83. 启动后检查的内容有哪些？

启动后检查的内容如表3-5所示。

表3-5 西方1400压裂车启动后的检查内容

序号	检查部位	检查点名称	检查内容及异常处置要求
1	台上发动机	仪表盘	怠速油压应在0.27~0.4MPa；若发动机启动5s之内，油压低于0.15MPa以下，应及时熄火停机，查明原因并及时排除故障后方可再启动
2	远控箱	指示灯	发动机、变矩器及OPI大泵的指示灯应点亮；若有熄灭的应停机检查相应部件并解决问题
3	台上仪表盘	仪表参数	发动机油压在0.33~0.6MPa，气压0.6~0.9MPa，OPI泵润滑油压在0.8~1.2MPa，变矩器油压在1.104~1.24 psi(1psi=6.895×10^3Pa)，系统液压油压力在350~420 psi
4	特设各部件		发动机、变矩器、OPI泵运转正常，无异响
5	变矩器	润滑油面	观察窗内应见油面（注：液压油温度82~93℃必须见液面）
6	OPI泵	柱塞盘根	增压泵工作正常，各柱塞盘根润滑良好
7	OPI泵润滑油箱	润滑油面	润滑油面应高于润滑油出口上缘
8	全车电气液路		全车电路应正常，气、液路无渗漏

注：发动机启动着后，在650~760r/min怠速下运行。

84. 运行中的巡回检查的内容有哪些？

运行中的巡回检查的内容如表3-6所示。

表3-6 西方1400压裂车巡回检查内容

序号	检查部位	检查点名称	检查内容及异常处置要求
1	台上发动机	仪表盘	机油压力0.4~0.6MPa，防冻液温度≤99℃，系统气压0.6~0.9MPa
2	台上发动机	整机	整机运转平稳，无异响；油、气路无渗漏
3	变矩器	仪表	变矩器油温在38~95℃（最高≤121℃），油压在1.104~1.24kg/cm²
4	变矩器	液压元件	液压管线及滤子连接牢固，无渗漏；油面监视孔见液面

续表

序号	检查部位	检查点名称	检查内容及异常处置要求
5	液压系统	仪表	系统压力在 350 psi~420 psi
6	OPI 泵	仪表	润滑油压在 0.8~1.2MPa,润滑油温≤60℃
7	OPI 泵	液力端	上水正常,柱塞润滑良好;水封及盘根密封良好
8	OPI 泵	动力端	运转正常,无异响;无渗漏现象
9	OPI 泵	增压泵	增压泵工作正常,气动泵压力为 10~15 psi
10	冷却系统	风扇、马达	冷却风扇适当旋转;冷却马达及管线连接牢固,无渗漏

85. 压裂车台上设备日常维护及保养的内容有哪些？

以西方 1400 型压裂车为例介绍台上设备的维护及保养。

(1) 检查发动机、大泵、柱塞润滑油;检查变矩器、液压系统液压油;检查防冻液,不足时补充同型号的油水。

(2) 检查发动机、变矩器及 OPI 泵各仪表是否灵敏准确,检查各传感器及电线接头紧固情况,必要时更换和紧固。

(3) 检查、扭紧各类关键部位的紧固螺栓及电路、气路、液路接头,确保不渗不漏,放掉储气罐和气水分离器内的冷凝水。

(4) 当日有加砂或挤酸施工,施工完后应及时排除泵腔内及吸入管汇内的残留液体与砂液等,并冲洗干净,以防腐蚀。

(5) 检查阀腔出口法兰、压力传感器法兰、高压管线及高压弯头连接处密封情况,必要时进行更换;对管线、弯头等油壬涂上润滑油以防锈蚀。

(6) 打开压裂泵液力端阀盖,检查清洗端堵、端堵密封圈、阀体、阀体密封胶皮、阀座、阀弹簧等,必要时应更换。

(7) 检查柱塞、盘根、支承环、润滑密封圈及柱塞压帽,必要时应更换。

(8) 清点工具、备件是否齐全,对消耗件及易损件等及时备齐装好。

(9) 检查燃油,不足时进行添加;气温低于零度以下,需使用-35 号柴油。

(10)清洁全车卫生。

(11)操作使用人员每日详细做好设备运转使用情况记录,做好设备保养记录,做好设备在使用中出现的以及未解决的遗留问题,同时记全各部位工作参数,字迹要清晰整洁。

86. 压裂车台上设备每工作 10 小时或每班检查、保养内容有哪些?

(1)履行每日例保内容。

(2)检查各皮带松紧度及磨损情况,必要时应更换或调整。

(3)检查各仪表情况,如有破损应更换,同时固定牢靠。

(4)检查各传感器、各电器元件及电线、电缆是否有破损,是否连接牢固,否则应及时更换或修复。

(5)检查蓄电瓶桩头、电缆线连接情况及电液液面,不足时补充。

(6)检查气动增压泵储油箱油面,必要时添加。

(7)向各润滑点加注润滑脂。

(8)检查各连接紧固部位,确保紧固牢靠。

(9)启动发动机,检查各部工作情况,查看各仪表显示值是否在规定的技术指标范围内,如有问题,及时进行维护。

87. 压裂车每工作 50~80 小时或每周检查、保养内容有哪些?

(1)完成每日检查保养内容。

(2)检查冷却系统所有锌棒腐蚀情况,如过度腐蚀应更换。

(3)检查冷却风扇工作状况,并加注润滑脂。

(4)检查各压力、温度、转速传感器及安全超压保护器的工作情况,确保工作灵敏可靠。

(5)检查液压变量泵、OPI 泵润滑油泵及柱塞润滑增压泵,应确保工作正常可靠。

(6)检查远控箱,电器总控制箱功能开关,确保灵敏可靠,各电线连接点紧固不松动。

88. 压裂车每工作 120~150 小时进行检查、保养内容有哪些?

(1)完成每日、每 10 工作小时及 50 工作小时保养规定内容。

(2)检查发动机、空气压缩机皮带磨损情况,如磨损、有裂痕、脱胶等应更换,并按规定进行调整。

(3)清洁各系统粗、细滤清器或更换滤芯(包括机油、液压油和柴油滤清器),清洁吹扫空气滤清器。

(4)检查各系统管路,如有裂纹、老化和泄漏现象,应更换。

89. 压裂车每工作250~280小时进行一级保养作业的内容有哪些?

(1)完成上述各保养周期所规定的内容。

(2)检查测试发动机紧急熄火控制装置,必要时进行调整,确保对发动机进行保护动作正常。

(3)检查空气进气电磁阀门的完好及灵活程度,确保其在测试中应自动关闭。

(4)检查2301电子调速器与致动器的工作情况,必要时根据实际情况做相应调整(做调整时必须请有关技术人员进行调整)。

(5)检查化验发动机、变矩器、OPI泵和液压系统的油质状况,不符合油质指标时应更换,检查冷却液质量,如变质按时及时更换。

(6)检查水泵工作情况及水泵叶轮腐蚀磨损情况,必要时进行维修或更换。

(7)清洁发动机曲轴箱呼吸器。

(8)检查OPI泵动力端柱塞及密封圈,如密封圈损坏,磨损或老化等应更换;检查OPI泵动力端曲轴、连杆及轴承磨损情况;检查十字头的连接及磨损状况,必要时进行调整与维护保养。

(9)检查刹车盘、磨擦片及气缸工作状况,必要时进行维修调整。

(10)对高压管线及弯头内壁的磨损情况进行检查,并进行测臂厚,根据实际情况按照标准,废弃不合格的高压管线或弯头。

(11)检查吸入端液体平衡器工作情况,确保内胆压力保持在0.25MPa(35.7 psi)左右。

90. 压裂车每工作750~850小时进行二级维护作业的内容有哪些？

（1）完成上述各周期规定的保养内容。

（2）检查调整气门间隙、点火定时（调整方法请参照CAT3512型发动机保养手册）。

（3）检查冷却系中节温器，在1个大气压下水温在82℃±2℃时节温器应开启，在92℃时应全开。如果节温器工作不正常应进行更换。

注意：若冷却液中有污垢或有油污等应及时清洗并检查、更换冷却液。

（4）检查涡轮增压器叶轮、涡轮和增压腔机盖，用手拨动感觉和观察轴向间隙，转动是否有摩擦、黏结与异响，如有则应修理或更换，并清洁涡轮上积聚物。

（5）检查、保养、润滑发电机、空气压缩机、三联液压泵、风扇液马达、液压启动马达以及各液路阀件。

（6）检查测试远控器操作与执行系统各电器元件的工作稳定性能，检查各路功能器件接点及回路的工作状况，并进行整体测试。

（7）对压裂泵进行解体检查、保养，更换磨损超标件，恢复出厂性能。

（8）做完上述保养后启动发动机运转，观察各仪表显示情况是否准确灵敏，倾听发动机运转有无异响。

（9）要求操作维护保养人员根据上述各周期规定的保养内容，详细做好各周期各项目的维护保养检查运转记录，整理各部存在遗留的问题，以备进行针对性维护修理。

第四章 修井用特车

第一节 混砂车

1. 混砂车的作用及工作过程是什么?

混砂车是压裂施工中不可缺少的关键设备之一,它的作用是将压裂液自压裂罐吸进混砂罐,同时将支撑剂输送到混砂罐,进行搅拌、混合后将混砂液供给压裂车,并辅助供输添加剂,配合压裂车施工。主要用在压裂、防砂等施工中。

混砂车的工作过程如图4-1所示,吸入系统吸入压裂液、输砂器输送的支撑剂、各种添加剂送到混合罐并在其充分混合后由排出系统输给压裂车,输送到混合罐的各种材料的数量级比例由数据采集系统反馈到自动控制系统,实现远程自动控制。

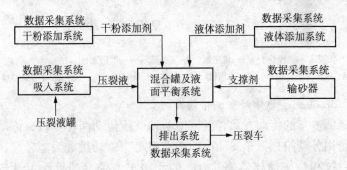

图4-1 混砂车施工流程

2. 混砂车由哪些部件组成?

混砂车的结构如图4-2所示。主要由底盘部分和台上部分组成。台上部分主要由台上发动机、传动系统、液压系统(包括散热系统)、吸入和排出系统、输砂和混砂系统、液体添加系统、干粉添加系统和数据采集系统等几大部分组成。

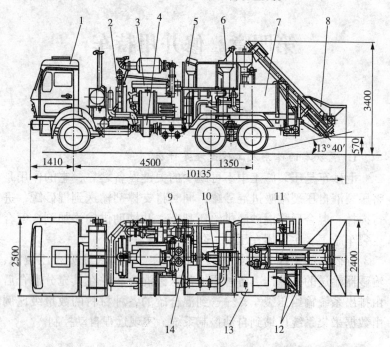

图4-2 HSC-60L型混砂车示意图

1—运载机车；2—散热器；3—柴油机；4—分动箱及传动系统；5—操作台；
6—液压系统操作台；7—混砂罐；8—输砂器；9—供液系统；10—排出系统；
11—灌注泵；12—液体添加剂泵系统；13—干粉添加系统；14—车台传动系统

3. 混砂车的传动系统结构如何？

混砂车的传动方式有机械传动和液压传动两种。机械传动一般是用分动箱把汽车发动机的动力引出，驱动供液泵、砂泵、输砂系统和机械搅拌器等。也有的利用车上带发动机作主设备动力，而汽车动力只带动辅助设备。液压传动是用汽车发动机带动油泵，再用管线把压力油经控制阀分别送到几个油马达，由油马达带动各执行机构工作。液压传动的突出优点是结构紧凑、传动简单、能无级变速和自动控制等。由于一些具体条件的限制，目前国产的混砂车大部分仍采用机械传动。

图 4-3 为 HSC-73 型混砂车的传动系统示意图。由汽车发动机的动力通过分动箱，分别驱动砂泵、机械搅拌器和螺旋输砂器。而供液泵由另一台发动机来带动。

以汽车发动机作为动力的混砂车功率有限，不能满足高压、大排量压裂泵的要求。

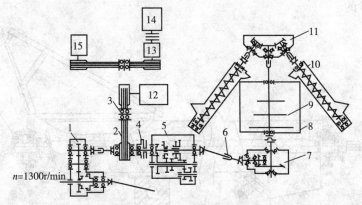

图 4-3　HSC-73 型混砂车传动示意图
1—分动箱；2—三角皮带；3—张紧轮；4—离合器；6、13—变速箱；
6—传动轴；7—减速器；8—混砂罐；9—搅拌器；10—螺旋输砂器；
11—角传动箱；12—砂泵；14—发动机；15—供液泵

4. 输砂系统的作用是什么？什么是螺旋输砂方式？

输砂系统的作用是根据对混砂液不同混砂比的要求，将砂子输送到混砂罐内。输砂系统必须工作可靠，上砂均匀，并能调节砂量等。输砂系统的输砂量一般为 300~1000kg/h，国内使用的混砂车的最高输砂量达 9000kg/min。目前混砂车上采用的输砂方式有两种：螺旋输砂式和气力输砂式。

螺旋输砂式主要是由筒身和装有螺旋的叶片组成，如图 4-4 所示。利用螺旋叶片的旋转，使砂子沿螺旋槽斜面向前推移，达到输砂的目的。原理是石英砂从进砂口进入绞龙壳内；螺旋叶片焊接在输砂轴上，在液压马达的驱动下带动石英砂的传输；出砂口流出的石英砂直接进入到混砂车的搅拌罐内；螺旋输砂器的上端和下端轴承用于支撑绞龙，端密封可以防止砂的流出，并避免损伤下端轴承。螺旋绞龙除实现输送功能外，还需要对其传输介质进行流量计量。这种输砂方法比较可靠，有输砂量大、功率消耗小、对砂子温度的适应性强等优点，因此应用较广。国产的 HSC-73 型混砂车就是用螺旋输砂式来输砂的。

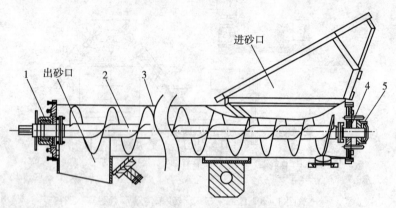

图 4-4 螺旋输砂器结构示意图
1—上端轴承；2—输砂管；3—绞龙壳；4—端密封；5—下端轴承

5. 混砂车使用的螺旋输砂器的结构特点及要求是什么？

螺旋输砂器由绞龙外壳、左右砂斗、绞龙轴、支承台、输砂管支座、油缸分开导轨盒、固定架总成、液马达支架及联轴器、起升油缸和左右分开油缸等组成。有液力驱动的、可调速的双筒左右螺旋输砂器，左、右绞龙轴由钢板卷制成的叶片与钢管焊接而成。该输砂器的控制采用独立的工作方式，在输砂量小于某一数值的时候，可使用单筒工作。

输砂器采用输砂管支座支承，起升油缸带动输砂管在滑道上滑动，由液压油缸起升以便适合于公路行驶和混砂施工作业。螺旋输砂器的起升由安装在两输砂器之间的油缸完成，升降动作由起升阀控制。

螺旋输砂器的砂斗为两个时，作业时可由左右分合油缸带动砂斗分开，分合由液压控制并可在45°的范围内左右移动，以便于两台运砂车对其连续加砂。

整个输砂器的液压系统调定压力为25MPa，输砂器起升到合适位置后由销轴插入支承板中锁定输砂器。

绞龙轴上装有计量齿轮，通过传感器和电缆将输砂信号传递到仪表台和仪表车上，瞬时砂量和累计砂量在仪表台的数显表上直接读出。

绞龙轴由液压马达驱动。

为防止输砂器出现堵砂现象，两个输砂绞龙分别可进行正反向旋转，正常工作时，在操作面板上需将"开关"旋到正转的位置。

螺旋输砂器装有放砂口，以防砂卡。螺旋输砂器正常工作时，输砂斗外沿距地面高度小于一定值，输砂斗带有滤网，防止加砂过程中有较大杂质进入混合罐。

6. 什么是气力输砂方式？

就是利用高速空气流来输送砂子。它分吸气式、压气式和混合式三种。国产的HSC-45型混砂车就是用吸气式气力输砂装置。如图4-5所示，该装置主要由鼓风机、卸料器(即混砂罐)、控制风门、吸入软管和吸嘴等组成。由于鼓风机的抽吸作用使管道内产生一定的真空度，砂子随气流经吸嘴和吸入软管进入卸料器。空气进入卸料器后，流速降低，

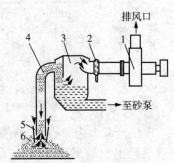

图4-5 吸气式气力输砂装置
1—鼓风机；2—控制风门；3—卸料器；
4—吸入软管；5—吸嘴；6—砂堆

砂子便全部沉降下来，而分离出来的空气由鼓风机排出口排出。气力输砂式比螺旋输砂式的结构简单，工作范围较广，操作方便，只要一个人移动吸嘴和吸入软管，就可以从任何位置将砂子输送到混砂罐去。

7. 供液系统组成及工作原理是什么?

供液系统包括供液泵、混合装置、砂泵、控制闸门及管线等。它的作用是把压裂液和砂子均匀混合后,输送到压裂车上。图4-6即为供液系统的工作原理图。如图所示,供液泵将储罐里的压裂液输送到混砂罐内,在混砂罐里压裂液和砂子进行混合,然后用砂泵将混砂液打入压裂车的吸入管线。

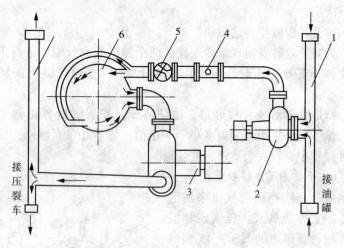

图4-6 供液系统的工作原理
1—吸入管;2—供液泵;3—砂泵;4—流量计;
5—控制闸门;6—混砂罐;7—排除管

供液泵多为离心泵,有的用齿轮泵,后者计量较方便。在供液泵的出口管线上安装流量计和控制闸门,用于测量和调节流量。

混合装置(混砂罐)的作用是将不同性质的压裂液和支撑剂,按不同比例均匀混合。混合方式有水力式和机械式两种,也有两种方式联合使用的。

8. 什么是水力式混合?

它是从供液泵出口管线引出2~3根支管,支管出口做成喷嘴形。压裂液进入支管后从喷嘴中向混砂罐内壁和底部按一定角度高速喷出,液体在罐内形成漩涡,和罐内的砂子均匀混合。有的也根据射流原理,使砂、液先在喉管内进行混合,然后再送到罐内。水力式混合法的优点是结构简单、制造容易、效果好。缺点是影响供液泵的排量和不适于高黏度压裂液。

9. 什么是机械式混合?

它通常是在混砂罐内装有3个四叶片浆式搅拌器进行搅拌混合。此法适用于高黏度压裂液,混合可靠。搅拌器轴的转度以 $50\sim80r/min$ 为宜。

10. 机械式混砂罐的结构特点和原理是什么?

混砂车的混砂罐主要功能是将压裂液、支撑剂、液体添加剂和干粉添加剂等材料混合均匀。混砂罐多为不锈钢制成,有两层,层间用支撑板焊接相连。不同生产厂生产的混砂罐的结构形式不同,下面是某型混砂罐的结构和工作原理介绍,以供参考。

混砂罐采用罐中套罐的结构,保证在高砂比砂浆的情况下能完全和连续地混合。混砂罐设计结合大表面积的原理,保证小砂比和小排量时的混合,防止不均匀混合砂浆。该设计确保砂浆在混合罐中停留最短的时间,这样增进了设备测量、添加剂添加系统以及控制系统的精确性。吸入供液泵供来的液体从侧面进入罐中,并在外腔中切向流动。当液体在外腔中循环后,通过内腔外壁上的径向孔进入内腔,并与输砂器输来的支撑剂充分混合。由于该内腔的表面积较大,支撑剂将完全浸湿,从而不易产生气泡。搅拌系统安装在混合罐的中心,它能完全不断地将砂浆搅拌成匀质的混合液,在内腔底部排出口到排出砂泵之间最大限度地减少产生气体。排出砂泵从内腔底部吸入混合好了的混合液并排出到排出管汇中。罐中心底端还设有4″气动蝶阀以供排出残剩液体及清理混合罐之用。

混砂罐配有立式搅拌叶轮,搅拌叶片为45°,与内腔叶片成90°并立于罐中心,搅拌轴由液马达驱动,转速范围为 $0\sim400r/min$,混合罐容量为 $1.2m^3$,混合搅拌叶轮的转速由装在仪表台上的控制阀控制，速度可调，系统调定压力为20MPa。

混砂罐中设有手动、自动液面控制系统，通过调节供液量来控制液面。

混砂罐安装在靠近底盘车的后部，混砂罐开口处有网格状地板。

11. 混砂车液压传动过程是什么？

以2000型压裂车组中的混砂车为例，自动控制混砂车负载有11部分，全部由液压系统传动。由于液体添加剂泵Ⅰ、液体添加剂泵Ⅱ、干粉添加剂泵、冷却风扇马达、输砂器升降油缸、输砂器展开油缸功率小、负载差别不大，而且不完全同时工作，故采用单独的液压泵分别驱动。其余部分由于功率大，同时负载差别也大，故采用5个单独的液压泵作液压源分别驱动。液压系统传动示意图如图4-7所示。

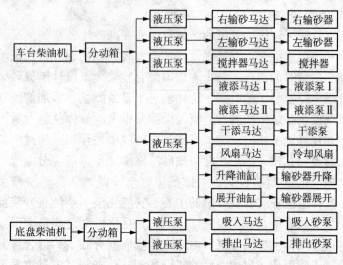

图4-7 液压系统传动示意图

12. 混砂车液压传动原理是什么？

2000型压裂车组中的混砂车的液压传动原理如图4-8所示。

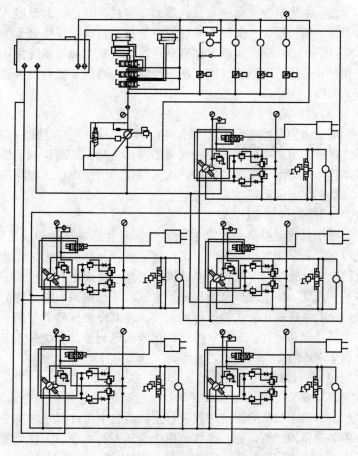

图4-8 液压系统原理示意图

13. 液压传动混砂车典型液压系统的组成及特点是什么？

液压系统由液压泵、液压马达、油箱、滤清器、冷却器等组成。液压泵动力由车台分动箱取力，通过静液压传动，分别驱动各液压马达，带动排出砂泵、吸入砂泵、螺旋输砂器等。液压系统采用两套过滤装置和压力油过滤，从而保证了液压油清洁度。液压泵、液压马达、阀件等主要液压件均选用进口。

（1）吸入及排出泵系统

液压泵为电控变量柱塞泵，驱动定量柱塞马达，带动吸入砂泵工作。通过操作台上的电位计和自动控制系统改变柱塞泵的输出流量，从而达到无级调节柱塞马达速度。整套液压系统采用闭式和开式静压传动系统，速度调节性能好。液压系统的最大压力为 28MPa。

(2) 搅拌系统

液压泵为电控变量柱塞泵，驱动低速大扭拒定量摆线马达，通过操作台上的电位计改变柱塞泵的输出流量，从而达到无级调节搅拌马达速度。液压系统的最大工作压力为 20MPa。搅拌马达速度 0～200r/min。

(3) 螺旋输砂系统

液压泵为电控变量柱塞泵，驱动低速大扭矩定量摆线马达，液压泵卸载采用气控切断阀，快速达到液压泵卸载，通过仪表台上的电位计针形阀改变柱塞泵的输出流量，从而达到无级调节输砂马达速度。由于液压泵为压力补偿式，从而达到一种节能的效果。全套系统采用开式静压传动系统，两套螺旋输砂器分别采用两个马达驱动，互不干涉，可达到比较精确同步。系统最大工作压力 25MPa。

(4) 综合泵系统

液压泵采用变量柱塞泵，驱动螺旋输砂器起升和分合油缸、冷却器、两个胶联泵。通过仪表台上的各自电位计及三联阀分别对各驱动机构进行调速和操作。由于液压泵为变量泵，在调速过程中避免了液压油发热，并达到节能效果。系统最大工作压力 14MPa。

(5) 液压辅件

液压油箱容积足够，出品装可拆滤清器。进出油滤清器全部采用可拆自封式滤清器，维修方便。整个液压系统液压油采用风冷式冷却器，冷却效果好。另外各液压管线及接头均采用可拆式高压软管接头，有利于液压系统维修。

14. 混砂车的技术规范有哪些？

几种混砂车的技术规范如表 4-1 所示。

表 4-1 混砂车的技术规范

项目	型号	HDC-60L	HDC-300	BJ607-T	B60	100RRM
	产地	兰州	江汉	美国	美国	美国
运模汽车	型号	奔驰2628	K184	万国4070-B	COF9607	K184
	发动机	OM402	KTA-600	8V-71N	8V-92TA	KTA-600
	功率/kW	204	224	223.6	323.6	224
	转速/(r/min)	2500	2100	2100	2100	2100
车台发动机	型号	MTA-855	KTA-600	8V-71N	8V-92TA	KTA-600
	功率/kW	336	448	223.6	323.6	448
	转速/(r/min)	2100	2100	2100	2100	2100
供液泵	型号	8B-29.8A-12	米森	—	TRV10in×8in×14in	—
	排量/(m³/min)	4.67	15.8		9.5	
	压力/kPa	290	460		441	
砂泵	型号	仿BJ泵	米森	混流泵	TRV10in×8in×14in	米森
	排量/(m³/min)	7	15.8	7.15	9.5	15.8
	压力/kPa	490	460	500	441	460
输砂	形式	双螺旋	双螺旋	双螺旋	单螺旋	双螺旋
	能力/(m³/h)	60	300	88	144	185
混合	罐容量/m³	2.5	1.5	—	—	—
	方式	机械	机械+水力	—	水力	机械+水力
	能力/(m³/h)	—	—	—	2.2	—
	最大砂比/%		47	40		58

15. 混砂车施工前应做哪些准备工作?

(1)就位混砂车,如果有可能,逆风停放。

(2)混砂车停放在便于排放液体和支撑剂的位置。

(3)混砂车应停放在发生紧急情况易于移动位置,工作人员应熟悉应急措施。

(4)卡车气压、液压应在所用车辆的规定值。

(5)把动力输入挡从行驶挡扳到泵挡。
(6)检查润滑油油箱、液压油箱的油是否充足。
(7)把操作室内的气控制开关拧向开动位置。
(8)启动卡车引擎和台上引擎,怠速运转,观察机油压力是否正常。
(9)按要求准备好混砂罐。
(10)接上安全保护装置。
(11)按要求准备好干添加剂装置和液体添加剂装置。
(12)连接胶管至管汇和管汇车上,对不使用的管线一定要关闭管线端头阀门。
(13)混砂车准备就绪,方可施工。

16. 混砂车施工期间应注意哪些问题?
(1)非特殊情况不准擅自停车。
(2)紧急停车后,要及时恢复发动机上的锁定复位,方能重新启动。
(3)在整个操作过程中,驾驶室内的助力器是合着的,同时,点火开关也控制着台上的电路,切勿乱动。
(4)机器在运转中,要观察气压系统和液压系统的压力表指示是否处在正常工作油压下。不正常时须停泵检查系统。
(5)气动液压泵要不停地工作,确保两个大泵的盘根和轴头润滑。

17. 施工后的检查程序是怎样的?
施工后的检查程序:各型号的要求应有区别,这里以 E-231 为例,仅供参考。
(1)关闭吸入管汇上的吸入阀,拆掉管线。
(2)用泵把余留在管道系统内的流体排到指定的地方。
(3)关闭混砂管上的排出阀,拆掉管线。
(4)把固体添加剂进料器漏斗卸下存放起来,卸下驱动排出泵的传动轴,在卸传动轴前,一定保证发动机不在运转。
(5)用完泵后,用柴油清洗灌注液体添加剂泵。

(6)拆下用在分散剂、润湿砂和液体添加剂泵上的所有软管线。

(7)打开灌注泵阀和旁通阀,打开吸入管汇和排出管汇阀。

(8)升高混砂罐,固定在原位,并锁死固定销,关闭密度计源,熄灭发动机。

(9)关掉司机室内总开关。

(10)打开所有排泄阀门,排完泵及管线积水。

(11)关闭气压供给阀,允许行车。

(12)使传动机构回到空挡,启动开关转到"离"的位置。

(13)把动力输出挡从泵扳到行驶挡。

18. 混砂车台上部分保养内容是什么?

(1)每次施工后,用清水清洗台上设备的泥土。但操作室内面板必须盖好,防止水渗入。

(2)施工中,保持液压泵油箱内有充足的合格润滑油。

(3)每工作20小时,对传动部分注一次黄油。

(4)每工作20小时,砂泵主轴齿轮箱的润滑油要更换一次。

(5)每工作20小时,供液泵链条箱加润滑油一次。

(6)砂罐搅龙链条,每工作两口井加润滑油一次。

(7)施工后,所有由壬接头涂润滑油(脂)。

(8)稀添加剂泵施工后必须灌柴油,防止泵内生锈。

(9)供液泵、砂泵更换易损件,必须保持干净,装配时必须涂润滑油(脂)。

(10)台上柴油机按汽车底盘有关保养制度执行。

(11)操作手严格执行"HSE"、操作规程和作业队作业规章制度。

19. 运砂车的作用和传动原理是什么?

运砂车的作用是运砂和将砂子输送给混砂车。它和混砂车配套使用,主要由砂罐(或砂槽)和输砂装置组成。图4-9为运砂车传动示意图。该运砂车的砂槽容积为$10m^3$,有两个水平螺旋输砂器和一个斜螺旋输砂器。水平输砂器把砂槽内的砂子送到斜输砂器的入口,然后再由斜输砂器送到混砂车输砂器的入口。

运砂车也有用气力输送的,用压缩空气排出砂罐内的存砂,和气动运灰下灰车相类似。

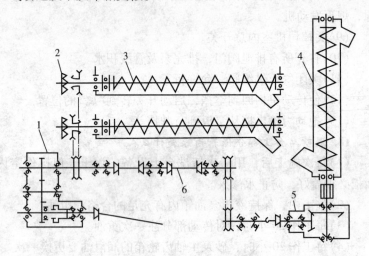

图4-9 运砂车传动示意图
1—分动箱;2—牙嵌离合器;3—水平螺旋输砂器;
4—斜螺旋输砂器;5—减速箱;6—传动轴

20. 管汇车的作用是什么?

管汇设备的作用是在压裂和酸化过程中,连接各设备及井口装置。在施工中,安装压裂和酸化设备和井口装置的连接管汇是一件既费时又繁重的操作。实际上管汇安装的时间常常超过整个工艺过程本身所需时间的好几倍。为了简化管汇安装工作和缩短安装时间,提高设备的运移性和适应性,同时为了便于检测工艺过程的主要参数(如流量、压力、密度等),保证工作的连续性和可靠性,一般多采用管汇组或管汇车。管汇组或管汇车主要由两套管汇集管组成,即分配集管(或低压管汇)和压力集管(高压管汇)。前者是从液源到混合设备及泵注设备吸入管线的管汇,后者是和泵注设备排出管线相连的管汇。

21. 仪表车的作用是什么？

仪表车由计量压裂参数的各种仪表、显示器及计算机等组成。它可计量压裂时的压力、流量、累计流量及测定混砂比，显示压裂曲线和压裂动态，计算压裂的各种参数。仪表车还配有联络通信设备，与压裂车和混砂车联系，所以又称压裂指挥车。现场使用的有美国产雪佛兰仪表车、国产四川绵阳制造的华西仪表车。

第二节 液氮泵车

22. 液氮车的作用是什么？

压裂施工，氮气与压裂液同时注入井内，有助排液。酸化施工，酸液在氮气中形成雾状增大了酸化的表面积和体积，氮气体积膨胀成为活性酸，可消除或防止二项混合流所引起的液体阻滞和气锁，酸化后，高速回流有助于排液提高工效及酸化效果。试油施工使用液氮替喷、气举、负压射孔、底层测试，能大大提高试油速度使施工更安全，更有利于防止地面污染。另外，液氮在油田还用于消防、扫线、试漏、封闭、解卡等施工中。

23. 液氮泵车的组成及工作过程是什么？

液氮泵车由底盘和台上设备组成。台上设备主要由液氮存储罐、液氮泵动力系统、低压增压泵、高压三缸液氮泵、高压蒸发器（直燃式和非直燃式两种）、控制系统等几部分组成。

直燃式液氮泵车的工作原理如图4-10所示，其工作过程为：液氮罐中的液氮增压后经过低压罐注泵（多为离心泵）泵送到三缸泵，发动机带动变矩器驱动高压三缸泵压缩液氮，高压液氮经过蒸发器吸收热量转化成高压氮气，经过高压氮气出口输出。低压罐注泵、蒸发器风扇、三缸泵润滑等动力系统由液压泵提供动力，工作稳定可靠。

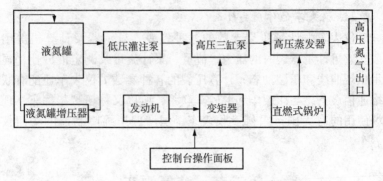

图 4-10 直燃式液氮泵车的工作原理框图

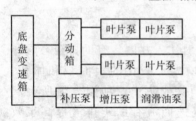

图 4-11 ANS180-10 型液氮泵车传动系统

液氮泵车的传动系统如图 4-11 所示。该泵车为非直燃式液氮设备，泵车的全部动力由底盘车的发动机经过分动箱的 2 组双联泵和变速箱的 1 组三联泵提供。台上配有 1 台高压三缸泵和 1 台液氮离心灌注泵。

24. 液氮泵车三柱塞泵动力端的结构如何？

液氮泵动力端由 3 个独立且相同的强制注油润滑式泵组构成（图 4-12），是一个往复式变容泵，由 1 根共用轴驱动。每个驱

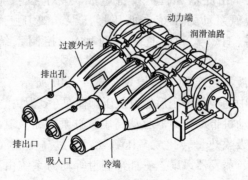

图 4-12 液氮泵动力端结构

动部件都有曲轴箱、十字头活塞、连杆、键式连接驱动轴的驱动偏心轮、驱动轴两侧的平衡飞轮以及相关的轴承和油封。

25. 液氮泵车三柱塞泵冷端的结构特点是什么？

液氮泵冷端结构如图 4－13 所示。冷端通过敞开的过渡外壳与动力端分开，以确保热端的润滑油不进入泵出的液体中。过渡外壳的作用是减少热量从泵的动力端传递到冷端，通过过渡外壳的敞开部分可以将泵的柱塞结合或分离。过渡外壳是将驱动轴和活塞轴之间用特殊的连接螺帽、不同厚度的垫片、定位螺钉等连接起来。过渡外壳是泵机构中唯一可敞开在大气中的机构，它在泵的工作中起到的作用是可减少动力端（热端）到泵端（冷端）的热量传递，防止动力端的润滑油进入到泵中。润滑油蒸气也是通过过渡外壳窗口排向大气，这就防止了对泵内液氮的污染；通过过渡外壳可调节泵的排量。调节泵的排量可以从两方面进行，一方面当需要较小排量时，可以只让三个缸中的一个或两个工作，让一个缸的活塞不动，这可以在中间罩窗口进行断开或啮合。断开后使驱动端轴的运动无法再传到活塞轴上，从而可停止一个或两个缸的工作。另一方面通过更换中间罩中垫片的厚度可改变活塞冲程长度。

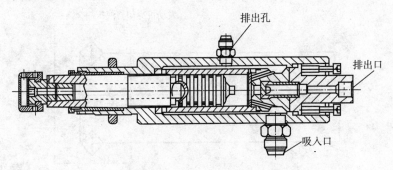

图 4－13 冷端结构

冷端内部的高压动态密封为 2 件/套活塞环，并带有活塞环撑涨器，由活塞本身的制导器环来引导活塞。吸入阀为平面式设计，由轻型预压弹簧保持到位；排出阀设计为平面阀座的提升阀，由弹簧预压保持到位，位于泵头。泵头上有排出阀和吸入阀，连接在冷液缸末端，易拆卸，便于阀的检查和保养。从活塞环泄漏出来的液体通过泵的排出孔流回到储液罐顶部。这种紧凑轻便的结构减少了将泵冷却到操作温度所需的时间和液量。

聚四氟乙烯密封帽重叠安装在冷端后部，用以将冷端活塞与大气隔离。这是一个低压密封点，工作压力稍低于吸入压力。在这些特殊的密封设计中，每个密封之间有1个隔离器，以使密封帽在往复轴上能更自由、更有效的工作。

26. 非直燃式液氮蒸发系统的工作原理是什么？

以 ANS180-10-T 型液氮泵车为例，蒸发系统主要以高压液氮和高温液压油通过盘管快速交换。蒸发液氮的能量主要来自底盘发动机的乙二醇/水冷却系统；发动机的冷却液泵将冷却液引出通过管壳式热交换器与液压油交换热量待循环完成后再返回到柴油发动机。为确保柴油发动机的最大输出热量，在液氮泵送作业中，发动机冷却液散热器通过外部恒温器阀旁路通过，以实现发动机水套水加热系统的最大利用率。发动机冷却液与液压油热交换系统如图4-14所示。

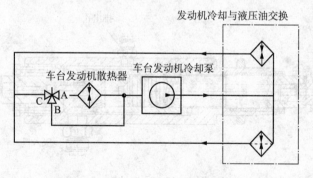

图4-14 发动机冷却与液压油交换系统

液压油获得热量后进入闭式液压回路，最终到达液氮蒸发器。液压系统中功率损失主要以热量损失体现出来，且一部分通过设备表面释放；损失的功率约为整个液压功率的20%~30%，即这部分热量用来蒸发低温液氮。

27. 非直燃式液氮蒸发器的结构如何？

液氮蒸发器是蒸发系统的关键设备，是一个特殊设计的双层同心盘管(图4-15)，液氮从盘管中心的管心通过，高温液压油从盘管的环形空间通过，热量用来使液氮气化。当液氮(-160℃)通过管束循环时会蒸发为气氮，气氮温度介于15.5~21℃之间，是由液氮流量与入口液压油的温度和流量控制的。冷却剂回路的温度由人工控制，以使对蒸发器的输入稳定在37~49℃。

图4-15　ANS180-10液氮蒸发盘管

28. 液氮泵车液压系统的原理是什么？

液压系统如图4-16所示，是通过改变回路中变量马达的排量来调节执行元件的运动速度，在这种回路中，液压泵输出的油液直接进入执行元件，没有溢流和节流损失，工作压力随载荷变化而变化。

液氮泵车的调速回路为开式回路兼有闭式回路。开式回路中的液压泵从油箱吸油后输入执行元件，执行元件排出的油液直接返回油箱，因此部分油液能够得到很好的冷却；闭式回路中的液压泵将油液输入执行元件的进油腔，又从执行元件的回油腔吸油,并且为了补偿回路中的泄漏,增加补油泵补偿执行元件进油腔与回油腔之间的流量差异。

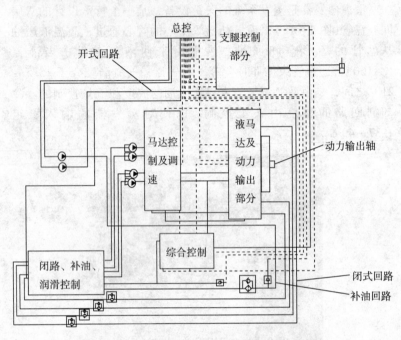

图 4-16 ANS180-10-T 型液氮泵车液压系统

29. 直燃式高压蒸发器的工作原理是什么?

840K 直燃式高压蒸发器的工作原理为:柴油被增压后喷进燃烧室并充分雾化,经过丙烷辅助柴油燃烧系统点燃已雾化的柴油,燃烧的火焰对高压盘管进行加热,盘管里的液氮吸收热量后变成氮气。系统配置了双点火系统,共配置了 6 个喷嘴:1 个母火喷嘴、1 个低热喷嘴、1 个中热喷嘴、2 个中高热喷嘴和 2 个高热喷嘴,方便得到不同的温度。液压驱动的风扇具有 5 级变速,风扇速度与喷油量自动匹配,保证氮气排出温度在高压液氮泵全程排量范围内调节可靠。

燃烧室配置燃烧火焰感应装置,一旦工作中燃烧室火焰意外熄灭,将自动停止喷油,从而防止未燃烧柴油滞留在燃烧室内,再点火时发生爆炸。同时控制台显示火焰感应信号并能及时报警。蒸发器有过量空气从燃烧室外壳与蒸发器外壳之间通过,并在燃烧气体进入液氮管束前与之混合把火焰熄灭,从而降低蒸发器外壳温度,提高液氮管束使用寿命,保障蒸发。

30. 直燃式蒸发器的结构及特点是什么?

它是高温低压液体直接燃烧加热的液态氮气蒸发器,整个装置由四个基本的部件所组成。

(1)汽化器部分　它是由九根不锈钢蛇形管,各管间相互平行共组成一个管汇,再装进套管中形成一个热交换器,火焰在管外加热,氮气在管内流动。

(2)燃烧室　燃料在燃烧室点火,并按恰当的比例混合进空气,以便完全燃烧。

(3)风扇和驱动马达　它供给空气到燃烧室、汽化器,然后经过平排气导管排到大气中。

(4)排气导管　将燃烧后的产物排向大气。

蒸发器的燃油泵和点火用的磁电机均由电动机带动,磁电机产生的连续火花,通过电极在燃烧室内点火。为保证液氮在软交换器管束中的适当分配,在液氮进入盘管处装有开小孔的分配器。

31. 直燃式蒸发器如何调节和控制?

(1)蒸发器控制系统　通过操作控制板上的三个旋钮来启动蒸发器,它们是蒸发器旋钮(负责风扇,燃油泵点火装置等马达的启动);主要火焰旋钮;辅助火焰旋钮。

需要控制液氮流量,使其在储备额定容量的百分之十和设备容量最大值之间。

(2)需要控制燃料泵的压力　要求泵加压柴油到约 2.45MPa 供给喷嘴,以便喷出雾化,完全燃烧,燃料温度由喷嘴及风扇的特性决定。调节燃料压力调节器,可调节燃料压力,即调节了燃料流量,从而控制燃烧速度。

燃烧速度用手控制,控制的原则是保持氮气在热交换管组出口时达到所需的温度。

(3) 控制空气进入量　通常用超过理论计算的10%的空气量控制燃烧,用大约300%的余量来稀释空气的混合物,以达到完全燃烧的目的。

(4) 蒸发器有两个温度开关,控制热交换器进出口的温度。油田实际操作经验允许烟囱的温度降至约66℃。在约121℃时,风扇、喷嘴、热交换管束工作得最好。

温度开关还可进行过载停车保护,当燃烧混合物温度进入热交换管组超过约598℃时,温度开关断开,电磁阀关闭,停止进油。

此外,为了便于维修保养,要求蒸发器的燃烧室装配有可移动的舱口,以便检查全部燃料喷嘴,且能取出进行修理和更换。

32. 为什么要在低温高压泵前增设一个升压泵?

低温高压泵在工作和启动过程中,除具有一般高压泵工作的特点外,由于所泵送的是极低温度的液氮,又要求具有一定数值的泵吸入压头。

根据泵工作记录和现场人员的报告,泵的大多数问题是由于不适当的吸入压头(或称泵的净正吸入水头或称气蚀余量)而引起,这一因素超过了某些其他简单的因素对泵工作的影响。吸入压头的不足,能够减小泵的排量,并导致对泵的问题产生错误的分析。当泵吸入压头降低到低于液体蒸气压力时,会引起液氮的急剧蒸发,液体变成蒸气。这些蒸气进入泵缸,将减低泵对液体的吸入量,泵工作失败,此时汽缸为蒸气所充满,压缩这些蒸气又会产生热量,加上正常的活塞运动摩擦还将进一步升高液体的蒸发压力,从而使这一问题更加严重。

消除这种情况所采用的最一般的方法是给泵的吸入端以足够高的压力,保证泵的进口压力总是大于液体的蒸发压力。通常所说的有效吸入压头,就是指在一定的条件下,吸入压力能满足泵的工作。建立有效的吸入压头,可以用以下的几种方法来实现:一是增加泵的压力;一是抬高储氮罐;一是进一步降低液体温度,把液体冷却到低于它在大气压力下的沸点(如对液氮就要降到-196℃以下)。

那么采用哪种方法最好呢？通常液体的蒸汽压力不会改变，除非是提高或降低液体的温度。对于低温的液氮来讲，由于周围温度的影响，液氮总是趋于不断增高温度，要想降低液氮的温度是很困难和不经济的。采用抬高罐的办法会增加液氮车的高度，安装、运输都很不方便。因此，有的液氮车采用了增加泵的吸入压力的办法，具体措施是在低温高压泵前增设一个升压泵，专门给高压泵提供一个足够高的吸入压头。

为了便于升压泵的启动和工作，又采用了两个办法：一是将升压泵放在液氮车上尽可能低的位置，以增加液氮对升压泵的吸入静压头；一是专门设置了增压盘管，当需要启动增压泵时，先打开增压盘管阀门，此时，液氮从罐内流到盘管，由于外界温度的影响，使盘管中的液氮温度增高，蒸气压力增高，由于盘管一端和罐内气相空间相连，这也就提高了罐上的气相空间的压力，当罐内蒸气压力至0.18MPa，高于蒸汽压力时，增压泵即可启动和正常工作。

需要说明低温泵工作的又一特点是泵启动前需要预冷。低温泵在启动前必须要预先冷却，一直冷到泵金属的温度和被泵送的液氮温度相接近为止，或者冷到在所建立的吸入压头下相应的液体温度，这是为了避免低温液氮进入泵后发生汽化，影响泵的工作。

33. 液氮储存罐的结构特点是什么？

施工要求罐能完成的工作是接收和储存低温液氮，由于液氮温度很低(-196℃左右)，所以要求储罐本身具有很好的绝热性能，使得液氮罐和普通的油罐、水罐相比，就具有特殊的结构，其特点是：

该罐是双层罐，内罐用不锈钢制成，外罐用低碳钢制成；

双层罐间的环形空间用珍珠岩粉充填绝热。因为珍珠岩粉具有良好绝热性能；

除用珍珠岩粉充填外，还将内外罐间抽成真空，用以提高绝热性，真空度约为 $5 \sim 10 \mu m$ 水银柱。

由于采取了上述的绝热措施，使罐本身就具有了良好绝热性，因外界温度较罐内液氮温度高很多，还必须采用蒸发液氮面保冷的办法，保持约每天由于蒸发损耗的液氮量低于罐装满液氮时总体积的1‰。

内罐的管路系统有：接收液氮进罐的管线；排气管线；到泵去的吸入管线；增压管线；连接试验旋塞的液面管线。施工时液氮装进低温罐的速度不得超过管线和罐体设计要求。

外罐有三个连接机构：一是连接把环形空间抽成真空用；二是连接热电偶真空计用；三是连接环形空间安全法兰用。

在测量仪表方面，罐有液面计、压力计和热电偶真空计，它们均装在控制板上。

34. 如何保持液氮罐的低温？

要保持住罐内液氮的温度约-196℃，首先从罐本身的结构上想办法，使罐体具有良好绝热性能，为降低成本，还可用放气的方法，原理如下。

高温物体传热，且任何绝热的东西并不能百分之百的绝对可靠，周围环境的温度对罐内低温仍将或多或少的存在影响。也就是说如果把罐密闭起来，当周围的热量传给罐以后，罐内液氮的温度就会增高，氮气的饱和压力也会升高。如果罐能承受住较高的压力，则这种密闭是可行的，但会增加罐的成本。通常并不采用这种办法，而是采用向大气放气的办法，即用损失掉一部分氮气放到大气中来保持罐内的温度，使罐内压力也不变化。

为什么放掉部分氮气，就能保持住罐内温度压力不变呢？实质上，损失放掉氮气的过程，就是罐内液氮表面不断汽化的过程。而液体汽化时，要吸收液体中的热量，液体温度就要降低，在一定温度下，1kg的液体转变成同温度的蒸气时所吸收的热量就叫液体的汽化热，氮气在-196℃时的汽化热是47.59kcal/kg（1 kcal = 4.1868kJ）。为了抵消掉外部传来的热量，就可采用让液氮汽化的办法，汽化带走的热量和外来的热量相等，从而就可稳住液氮的温度保持不变。

35. 高压泵常见故障有哪些？如何排除？

高压泵常见故障及排除方法如表 4-2 所示。

表 4-2　高压泵常见故障及排除方法

故障	可能原因	排除方法
启动失败	进、排液的阀门开关位置不正确	调节阀门到恰当位置
	泵没有充分冷却	增加泵冷却时间，使泵变冷
	吸入压头低	检查罐内液体的蒸汽压力，确认对泵的吸入所推荐的吸入压头是否可用，升高吸入压力超过罐内蒸汽压力
	吸入压力损失大	增加泵吸入压力，最小值超过蒸汽压力
	排气管线闭塞	打开到罐的排气阀
在工作中停泵	外来杂质堵塞冷端	加热到 66~103℃，用干燥气体清洗
	过滤器脏	清洁吸入过滤器
	一个缸不能动（并联的缸）	升高罐内压力，并重复启动过程
	速度变慢	增加速度到规定数值
	供液罐液面低	关闭装置，重新补充液氮
	供液罐压力降低	增加罐内压力到需要的吸入压头
	吸入压头低	检查罐内液体的温度及相应的吸入压头值
填料泄漏	填料松动或磨损	上紧填料装置，更换新填料
十字头油密封泄漏	密封磨损	更换中间体或更换油密封和中间体上的刮油环
排出压力低或效率低	吸入压头低	调节储罐到需要的压头
	活塞密封环磨损	更换
噪声大	润滑油损失	排空再装满油
传动端运行时变热	油面过高或过低	放油或加油到要求的位置
	过载	减小排出功率，限制排出系统
	传动系统磨损或损伤	修复传动装置
	吸入压头不足	增加吸入压力
	500 小时保养或 6 个月检查	换机油

注：其他部件的常见故障及排除参见相应车型的使用说明书。

第三节 锅炉(蒸汽)车

36. 锅炉车的作用是什么?

将立式直流水管锅炉及其配套设备组装在运载汽车上的专用加热设备称为锅炉车,有时也称蒸汽车。

锅炉车用途是:

(1)加热原油等各种修井用液体,以完成热洗、清蜡、循环等作业;

(2)刺洗井内起出的油管、钻杆、井下工具等,完成检泵作业;

(3)进行井口设备和各类工具的热洗、保温及其他工作。

锅炉车一般选用卡车作为运载车,移动迅速方便,并能适应各种道路的行驶;采用立式水管锅炉,燃料使用柴油,具有点火迅速、升温时间短、操作简便、安全可靠的特点,能适应石油矿场各种工作的需要。

37. 锅炉车的结构及工作原理是什么?

锅炉车的外形如图4-17所示,主要由运载汽车、车台发动机、传动箱、锅炉、水泵、鼓风机、燃料泵、油箱、水箱和管路仪表等组成。

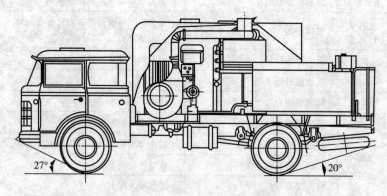

图4-17 黄河锅炉车外形图

车台发动机为492QA汽油机,作为鼓风机、水泵、燃油泵等的动力机，启动迅速，操作方便，功率为 57.37kW。

该车的工作原理是：当发动机带动传动箱工作时，传动箱中的一个输出端驱动水泵运转，水泵将车上水箱中的水吸入，经泵作用使水具有一定的压力而输送到蒸汽锅炉内。同时传动箱另一输出端驱动燃油泵，此泵将车上柴油箱中的柴油泵入燃烧系统。电器系统接通以使高压电极放电，点燃雾化油。传动箱又驱动离心式通风机工作，送入适量空气，促使燃烧正常进行。燃烧产生的热量被进行蒸汽锅炉盘管中的水吸收，水被加热，直至变成饱和蒸汽。过热蒸汽的压力可达 6MPa，温度高达 280℃。因此当过热蒸汽从锅炉盘管经蒸汽阀进入油管时，即可将油管中结的蜡熔化，达到清蜡的目的，使油管畅通，原油稀释。

38. 锅炉车的变速箱结构如何？

GLC-60 型锅炉车的变速箱结构如图 4-18 所示。变速箱为三轴斜齿结构，齿轮飞溅润滑，轴承采用向心推力球轴承。车台发动机通过变速箱同时驱动鼓风机、水泵、燃油泵和转速表。

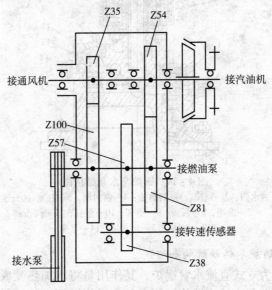

图 4-18 锅炉车变速箱图

39. 锅炉车上水水泵的结构及工作原理是什么？

锅炉车上的水泵为立式三缸单作用柱塞泵，水泵的阀体、阀座和阀弹簧均用不锈钢制成。柱塞的密封环是用耐油橡胶制成的V形断面密封环，打开泵身侧板，调节密封螺帽，即可调节密封的松紧。锅炉车水泵结构如图4-19所示。

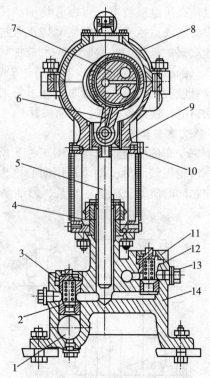

图4-19 锅炉车水泵结构图
1—进水门；2—阀座；3—阀弹簧；4—密封圈；5—柱塞；6—连杆；
7—曲柄；8—泵盖；9—滑套；10—泵身；11—阀盖；
12—阀体；13—出水口；14—泵头

40. 锅炉车锅炉结构如何？

锅炉为立式直流水管锅炉，其作用是将水加热变成蒸汽，在高压作用下蒸汽输入油管，依靠其高温将油管上的结蜡化开，起到清蜡作用；也可以靠其高温将原油黏度降低，增强原油流动性，以便于原油的输送。锅炉结构如图4-20所示。

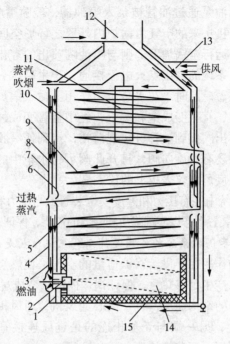

图4-20 锅炉结构图
1—下内壳；2—喷油口；3—下辐射板；4—下外壳；5—下盘管；
6—上内壳；7—上外壳；8—上辐射板；9—中盘管；10—上盘管；
11—洗烟灰口；12—烟囱；13—风管；14—炉膛；15—炉砖

该锅炉由上、中、下三个盘管组成一个整体锅炉盘管，盘管外部是由内外壁、辐射板和特制炉砖组成的炉体。其上盘管为 $\varphi 25 \times 3$ 的锅炉管制成的多层螺旋圆盘状，下盘管是用 $\varphi 25 \times 3$ 的锅炉管制成的螺旋圆柱状，而中盘管侧是用 $\varphi 35 \times 3.5$ 的锅炉管制成的双层螺旋圆盘状。炉体包括上内壳、下内壳，上外壳、内顶盖和外顶盖等。装配时上、下、内、外壳体及内、外顶盖各结合面用石棉绳密封。而炉砖外部及下内壳内侧空间充填了保温填料，所有进出盘管炉壳缺口处也加了密封填料。在上盘管处有一盘管清洗器，利用它可以吹掉上盘管缝隙中的烟灰。

41. 锅炉的工作流程是怎样的？

燃料由燃油泵通过油管被泵入喷油器，经喷嘴喷出成雾状。而由离心通风机送来的空气由锅炉内外壁之环形空间，由上向下流动被预热，运行至锅炉下部则与喷油嘴喷出的雾化油混合。与此同时，电气系统的高压点火电极接通，产生高压火花放电，从而将雾化油点着。此时水在水泵压力作用下输入锅炉上盘管，经下盘管被加热，直至变成饱和蒸汽，经中盘管变成过热蒸汽。开启工作蒸汽排出阀接到油管可实现清蜡，接到任一胶管可清洗作业场地。另外还有一旋向阀，打开此阀可将水箱中的水加热，蒸汽的压力和温度可由仪表板上的仪表显示。

在管路系统中装有压力和温度安全装置，当压力和温度超过允许值时，安全装置动作以实现降压和降温的需要，保证安全运行。

42. 锅炉车供风系统的作用是什么？系统结构是怎样的？

本系统的作用在于供给锅炉适量的空气，使燃烧系统的燃料能充分燃烧，产生足够热量，保证锅炉内的水变成过热蒸汽。

供风系统的结构简单，有一离心通风机，通风机的出口与鼓风机壳盖相连，另一端与壳盖相连的是进风连接管、进风横接管、进风管闸板、调节螺栓等。

43. 锅炉供风系统的工作原理是什么？

供风系统中的通风机被传动箱鼓风机轴带动而工作，通风机所产生的气流经风管闸门沿送风管进入锅炉炉壳内外壁间的环形空间，由于燃料的燃烧被预热吹入炉腔，进入炉腔后再次与雾化油混合以保证燃烧不会中断，并且产生更高的热风而将锅炉盘管加热，使盘管中的水变成过热蒸汽被排出。进风量的大小直接影响着燃烧的好坏，进风太多会使温度上不去，进风量太少则会使燃烧不完全，冒黑烟，进风量的大小靠进风管闸板开启度大小来调节控制。

44. 柴油、水、蒸汽管系统的作用是什么？对本系统有哪些要求？

柴油、水、蒸汽管系统担负着把水箱中的水通过水泵送到锅炉，同时柴油经油泵输送到蒸汽锅炉，最后再将过热蒸汽输送出去的重要任务。

本系统工作中要求绝对安全可靠。一方面对各焊缝及接头进行水压试验，试验压力不小于 6.4MPa，以保证各接头焊缝处不渗漏；另一方面在系统中装置蒸汽包，其上有压力安全阀，有温度保险塞，用以保证在超压超温时能自动卸荷，从而不会导致事故的发生。

45. 锅炉车水、蒸汽系统工作流程是怎样的？

锅炉车水、蒸汽系统工作流程如图 4-21 所示。水由水箱经

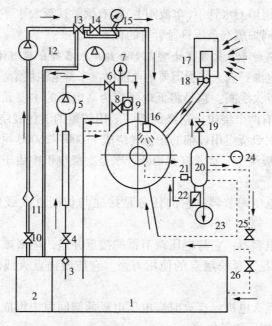

柴油管线：══════　水管线：──────　蒸汽管线：- - - - - -

图 4-21　锅炉车工作流程图

1—水箱；2—燃油箱；3、11—滤清器；4—出口闸阀；5—水泵；
6—水量调节三向阀；7—水压表；8—平行阀；9—单向阀；10—油箱出口阀门；
12—燃油泵；13—三向进油阀；14—平行油阀；15—油压表；16—喷油器；
17—鼓风机；18—进风管闸门；19—工作蒸汽排出阀；20—蒸汽包；
21—温度保险；22—压力安全阀；23—蒸汽温度表；24—气压表；
25—水箱旋闭阀；26—旋闭阀

滤清器和闸阀，通过吸入管进入水泵，在水泵压力作用下，水由排出管经三向调节阀、单流阀进入锅炉的上盘管，经上、下盘管连接道进入下盘管，再经下、中盘管连接道到中盘管变为过热蒸汽。在水泵的排出管系中装有压力表，显示压力值。用于水量调节的三向阀可控制进水量，适当地打开此阀，让排出管系的水部分地回到水箱，可以减少锅炉的进水量。当水管系中水的压力小于锅炉中蒸汽压力时，单流阀可以防止高温高压蒸汽回到水管系。为使锅炉中的存水排放干净，以防上、中、下盘管冻裂和腐蚀，还在锅炉上水管中（单流阀上）接有锅炉逆流放水平行阀。停火后利用锅炉蒸汽余压将盘管里的存水排出来。

46. 锅炉车点火装置由哪几部分组成？各部分起何作用？

（1）电源：点火装置需要的电能由汽车蓄电池供给。

（2）点火线圈：它是将低电压变为高电压的主要元件，在其铁芯上绕有两个绕组，初级绕组一般用较粗的漆包线绕成240～380匝，次级绕组用较细的漆包线绕成11000～26000匝，先将电流通入初级绕组，接着将它切断，于是次级绕组中由于互感而产生高压电。

（3）电压调节器：它的任务是接通与切断点火线圈的初级电流。

（4）电容器：它与电压调节器的接点并联，用来减小触点分开时的火花，延长触点的使用寿命。它能增强点火线圈的次级电压。

（5）点火电极：点火时高电压电极两端间隙中形成火花，点燃喷油头喷出的雾化油。

47. 锅炉车点火装置的工作原理是怎样的？

图4-22为工作原理图。当点火开关合上后，电流通过单级振动式电压调节器中的磁化线圈X，铁芯产生磁力，吸动触头，使触点K分开，触点打开后使得线圈X失电，则触点重新闭合，触点闭合后使得线圈复电，触点K又打开，如此不断地使触点时开时闭，进行周期性的振动。当触点K闭合时，点火线圈的初级

绕组 N_1 中有电流通过,其路径是蓄电池正极、点火开关、点火线圈的初级绕组 N_1、电压调节器触点 K,再回到蓄电池负极。此时在铁芯中形成磁场。当触点 K 打开时,初级次路被切断,初级电流及磁场迅速消失,在次级绕阻 N_2 中感应出高压电动势,该电动势可达 15000~20000V。高

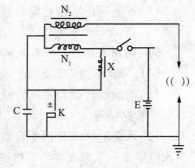

图 4-22 电气原理线路图

压电由次级绕组 N_2 经高压点火导线、点火电极、蓄电池、点火开关、初级绕阻 N_1 回到点火线圈,形成闭合回路。在点火电极间隙中产生火花,点燃雾化油。由于触点分开时,在初级绕阻中将产生 200~300V 的自感电动势,可使触点处形成火花,烧坏触点。自感电势的产生还使 N_1 绕阻中的电流不能迅速消失,影响次级绕组高压的产生。因此在触点处并联一电容器 C,通过电容器充电、放电来回振荡来消弱自感电动势的影响。

综上所述,点火过程可分为三个阶段:(1)触点闭合,初级电流增长;(2)触点分开,次级绕组产生高压;(3)火花放电。

48. 锅炉车燃料系统工作流程是什么?

锅炉车以柴油为燃料,由柴油箱经过闸阀、滤清器沿油泵吸入管系进入燃油泵加压后又经过三向油阀、平行阀和喷油器使油高速喷入锅炉炉腔产生雾化油,雾化油与离心通风机送来的空气混合燃烧。管系中还接有油压表,用来指示油的压力,三向油阀用来控制油量,使供给喷嘴的油压保持在 1~1.5MPa。

49. 锅炉车使用前应做哪些检查?

(1)检查发动机、传动箱、通风机、燃油泵、水泵等机组的固定螺丝是否有松动。

(2)检查水泵、三角皮带的位置及松紧是否正常。

(3)检查水泵、传动箱和汽油机的润滑油是否加好。

(4)检查炉腔内炉砖是否有倒塌和损坏。

(5)冬季应特别注意检查管路及闸门是否有结冰堵塞或冻裂现象。

50. 锅炉车的维护保养及润滑内容有哪些？

GLC-60型锅炉车的维护及润滑内容如下：

(1)喷油器、燃料系统管线、滤清器要经常清洗，保证雾化良好，管路畅通。

(2)水泵的柱塞盘根为自紧式，一般不用调整，发现动力端有水应更换；水泵阀要经常检查，若阀体与阀座的接触表面有磨损或伤疤，应及时进行研磨，使之配合紧密，必要时应更换。

(3)锅炉车的润滑

汽车的润滑应按汽车的使用说明书中的规定进行。

汽油机应经常检查润滑油油面是否在规定范围内。润滑油种类：

夏季用10号车用机油；

冬季用6号车用机油；

高温时用15号车用机油。

传动箱的润滑：应经常检查油面的位置看是否达到油标刻度最低位置。润滑油种类：

冬天用H-20齿轮油；

夏天用H-30齿轮油。

水泵的润滑：检查水泵的润滑油面不应超过油标高。润滑油类：冬季用6号车机油，夏季用10号车机油。

(4)锅炉工作一段时间后，盘管内会结一层水垢，必须清除。

51. 怎样清除锅炉盘管内壁水垢？

锅炉工作一段时间后，盘管内壁会结有一层水垢。如果发现了下面的情况，即当打开工作蒸汽阀时水压表读数超过1.5MPa，就要进行消除水垢的工作，其方法如下：

准备10%的盐酸水溶液150~200kg，加入300~400g木工用胶，将水箱旋塞阀关闭，将准备好的溶液注入水泵吸入端，通过水泵的压力使锅炉盘管充满盐酸溶液，并使酸液在盘管内保存

1~2h，再以清水将水泵盘管洗干净，然后注入10%的苛性纳溶液，在盘管中护存5~10h，最后再用清水将水泵、盘管都冲洗干净。

52. 水泵部分常见故障有哪些？如何排除？

（1）水压表波动并排量小

故障原因：可能有一组或两组上水阀卡死或拉伤；泵阀簧阀断裂。

排除方法：研磨阀平面，清理水道，更换阀弹簧。

（2）水泵无排出

故障原因：进水管有空气。

排除方法：松开三个吸入放气塞，见水后上紧。

（3）润滑油见水

故障原因：柱塞密封渗漏。

排除方法：更换柱塞密封。

（4）水压低

故障原因：泵阀及阀座拉伤或松动。

排除方法：研磨泵阀及阀座，压紧阀座。

53. 油泵部分常见故障有哪些？如何排除？

（1）噪声过大有震动

故障原因：吸入管有空气。

排除方法：松开进油管，排放空气。

（2）油压过低

故障原因：油泵转子刮油片卡死。

排除方法：清理污物，研磨刮油片。

（3）油泵无排出

故障原因：油泵转子轴断。

排除方法：更换油泵。

（4）油压波动较大

故障原因：燃油不清洁，有污物。

排除方法：清理燃油箱。

54. 锅炉部分常见故障有哪些？如何排除？

（1）点火不良

故障原因：点火继电器主触点弹簧变形；点火电极离雾化油太远，油雾化不良。

排除方法：调整弹簧拉力或更换弹簧；调整距离；清洗或更换喷油头。

（2）放电极不发火

故障原因：点火电容器外壳不接地或击穿。

排除方法：清理接触面，更换电容器。

排除方法：清理和加深螺旋槽；调节进风管闸门；调节供水三向阀开度；清洗盘管。

55. 锅筒鼓包的原因是什么？如何处理？

如果锅筒钢板局部腐蚀严重，壁厚已减薄到40%以上，以及局部结垢和泥渣堆集太厚，则会造成锅筒在高温烘烤下过热变形，不能承受锅炉压力而向外鼓出形成鼓包。如不及时发现与修理，就会造成锅炉爆炸的危险，所以对锅筒鼓包一定要及时采取措施。

对于锅筒鼓包的修理措施是：

（1）紧急停炉；

（2）将鼓包部分全部割去，进行挖补；

（3）如果是堆积泥垢而造成过热变形，并且不太严重，也可不挖补，用汽焊将其烘热至600～700℃时，用千斤顶把鼓包顶回去，然后进行回火处理。

56. 水管鼓包和爆破的原因是什么？如何处理？

由于管内壁结垢甚至堵塞，管壁得不到冷却，水循环破坏，管子缺水过热，引起鼓包或爆破。另外，当管壁局部腐蚀或管子加工时产生的壁厚减薄（如弯管外侧），耐压强度降低，以及锅炉严重缺水时突然加大给水等，都会造成管子鼓包或爆破。

对于鼓包和爆破的管子，应局部割换，如果整根损坏严重时应抽换整根管子。更换的管子的规格和质量，应与原管相同，一般管径在76mm以下者，允许偏差值为±0.5mm～±0.8mm。换管之前，应将弯制好的管子单根做超水压试验和通球试验，水压试验的压力为工作压力的两倍，通球直径为管子内经的85%。

第四节 地锚车

57. 地锚车的作用是什么？

修井施工固定井架要使用绷绳和大量的地锚，因此修井施工拧入和拔出地锚是作业前后必不可少的作业。油田常用的地锚结构如图4-23所示。地锚车就是将地锚拧入和拔出的修井专用车。

油田用地锚车主要有两种结构，一种为旋转式地锚车，其主要工作原理是利用液压马达带动减速器驱动地锚拧入拧出地面。由于扭矩小，钻速慢，在地层较硬（如严寒地区冻土层）、砾石地区，拧入速度相当缓慢，甚至不能将地锚拧入地面；另一种是锤击式地锚车，其主要原理是通过液压马达驱动绞车，将重锤提升到一定高度，利用重锤自由下落锤击地锚，将地锚打入地下，利用拔桩机构拔地锚桩，打拔桩速度较为快捷。但其结构复杂，操作烦琐。

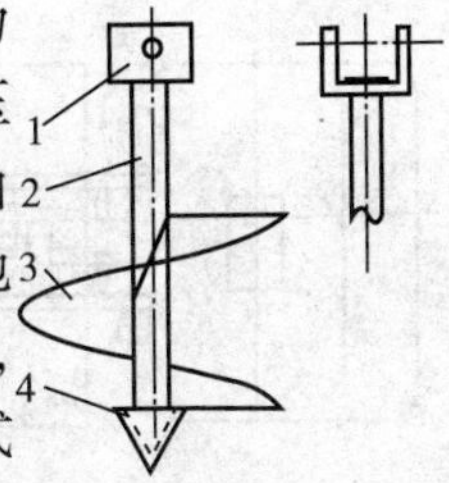

图4-23 单头地锚
1—拉耳；2—锚杆；3—螺旋片；4—定位尖

58. 旋转式地锚车组成及工作原理是什么？

旋转式地锚车主要由载重汽车二类底盘、分动箱、液压油泵、液压控制系统、吊臂、液压马达、行星减速器等组成。

旋转式地锚车吊臂采取1～3级折叠形式，由回转机构控制可在一定的范围内完成拧拔地锚的任务。工作时由发动机变速箱取力装置引出动力，带动液压泵。起下地锚时，液压泵驱动液压马达带动行星减速器，减速后带动地锚旋转，拧入（出）地下。

若将折叠吊臂换成伸缩式吊臂,该车则具备吊车的功能。起吊物时由液压绞车使重物升降,其回转半径通过液压油缸使吊臂作变幅和伸缩调整。结构如图4-24所示。

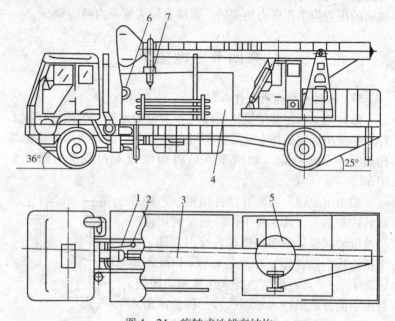

图4-24 旋转式地锚车结构
1—汽车底盘及动力输出装置;2—液压及控制系统;3—吊臂;4—副车架;
5—回转机构;6—吊钩;7—地锚驱动头

59. 旋转式地锚车液压系统由哪些部件组成?工作原理是什么?

车型不同结构组成不同,但基本原理和基本部件相同,图4-25为某型液压原理图,仅供参考。

液压系统由液压源系统、上车和下车分系统三部分组成,上、下车两部分靠一回转接头串联连接。液压源部分包括油箱、齿轮油泵、吸(回)油滤油器及其他附件,主要为整车液压系统提供纯净的动力液压油,满足上车及下车液压系统工作的要求,其工作压力为6~12MPa。下车系统由四个支腿油缸和四联控制阀

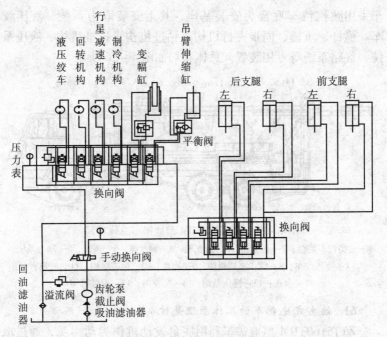

图 4-25 液压原理图

组成，主要用于工作时调平、支撑主车；上车系统主要包括六联换向阀、吊臂伸缩缸、变幅缸、行星减速机构、回转机构、液压绞车、制冷液压马达等。液压工作液经回转中心接头输入至上车系统，再经六联换向阀第一联油路带动回转机架油马达旋转，从而使回转机架旋转工作，经第二联油路换向驱动液压小绞车，实现钢丝绳的缠绕及下放，经第三联油路驱动钻进马达动作，钻进马达驱动行星减速机构旋转，从而带动地锚旋转，实现地锚的旋进作业，同时也可经另两联油路后使变幅油缸、吊臂伸缩油缸工作实现吊臂工作的各种动作；六联换向阀的最后一联油路用于驱动一个齿轮油马达，带动制冷压缩机制冷，以调节操作室温度。

60. 锤击式地锚车结构如何？

ZYT5160TDM 型地锚车集钻进、打桩、拔桩功能为一体，该车采用陕汽汽车底盘为安装基座,其上安装取力系统、液压绞车、桅杆、重锤、同步夹持机构、钻进机构、拔桩机构、液压系统、气路系统等专用装置。总体布局如图4-26所示。

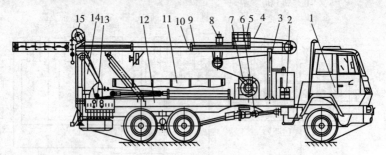

图4-26 ZYT5160TDM型地锚车总体布局
1—二类汽车底盘;2—灭火器;3—前支架;4—钢丝绳;5—重锤;6—取力系统;
7—液压绞车;8—同步夹持机构;9—桅杆;10—钻进机构;11—桩箱;
12—台板;13—液压系统;14—后支架;15—拔桩机构

61. 锤击式地锚车的工作原理是什么?

ZYT5160TDM型地锚车利用底盘发动机作为动力源,通过取力系统驱动液压泵。打桩时,先将桅杆立起,用同步夹持机构夹住地锚桩,操纵液压绞车将重锤提升到一定高度,然后摘开绞车离合器,重锤靠自由落体锤击地锚,如此往复可将地锚桩打入地下。拔桩时,首先将拔桩钩挂在钢桩上,操纵拔桩油缸控制阀,使拔桩油缸缓慢收回带动拔桩钩拔出地锚。钻进时,操作钻进马达换向阀,钻进马达正向旋转,通过链条驱动钻杆转动,同时加压油缸向下加压。钻杆同时承受扭矩和压力,从而实现钻进功能。

62. 锤击式地锚车液压绞车的结构及工作原理是什么?

液压绞车具有自由下放功能,是ZYT5160TDM型地锚车的核心部件,主要用来提升和下放重锤。国内现有的液压绞车无完全自由下放功能,而新型液压绞车具有自由下放功能。液压绞车结构简图如图4-27所示。绞车由带单向或双向平衡阀及控制液压制动器用高压梭阀组成的各种配油器、液压马达、片状湿式液压制动器、行星减速器、卷筒、绞车支架、刹车（气动控制）等组成。绞车能够实现匀速提升、下放、自由下放，且下放过程中能够紧急刹车。

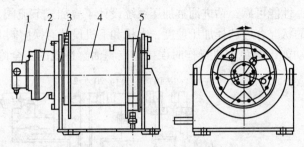

图4-27 液压绞车结构简图
1—液压马达；2—制动器及减速器；3—绞车支架；4—卷筒；5—刹车系统

液压绞车的控制原理图如图4-28所示，主要由离合器油缸控制、起升下放控制、液控刹车控制等组成。起升时操作换向阀7使离合器油缸供油，卷筒与马达结合，操作换向阀1，马达可正转、反转和停止，绞车可进行提升、正常下放和停止。在正常起升下放过程中，当换向阀1处于中位时，液压制动器进行制动。当重锤起升到一定高度，需要锤击地锚桩

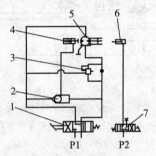

图4-28 液压绞车控制原理图
1、7—换向阀；2—梭阀；
3—平衡阀；4—液压制动器；
5—液压马达；6—离合器油缸

时，操作换向阀7使离合器油缸卸油，卷筒与马达完全脱开，重锤自由落体锤击地锚桩。在自由下放过程中，可通过刹车系统进行紧急制动。

63. 锤击式地锚车的液压系统控制过程如何？

ZYT5160TDM型地锚车采用全液压操作控制，所有的操作控制手柄均集中处于整车右侧尾部液压操作箱内，控制集中，可由1人独立完成。整车液压系统原理图如图4-29所示。系统采用

开式液压系统,可完成液压支腿的调平、桅杆的起升、拔桩油缸的伸缩、液压绞车的起放、绞车离合器油缸的结合、脱开和钻进油缸的加压等功能。系统的设计,采用了部分叠加阀组,减少液压管线,性能可靠;钻进油缸加压系统设计了叠加式节流阀,可根据地层的状况合理选择加压速度,上机和下机设计有换向阀15,具有互锁功能,避免上机操作时误操作支腿油缸造成的安全隐患。

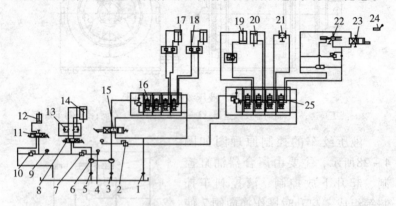

图4-29 液压系统原理图
1—回油滤清器;2、7、10—溢流阀;3、5—吸油滤清器;4、9—压力表;
6—双联泵;8、11、15—三位四通换向阀;12—离合器油缸;13—叠加式节流阀;
14—加压油缸;16—多路换向阀;17—支腿油缸;18—液压锁;19—起升油缸;
20—拔桩油缸;21—液压马达;22—液压绞车;23—电磁换向阀;
24—行程开关;25—四联阀

64. 锤击式地锚车的钻进机构的工作原理是什么?

钻进系统结构如图4-30所示,主要由钻进马达、马达支架、大小链轮(3、12)、六方钻杆、加压油缸等组成。钻进时根据地层情况,可选用主车Ⅰ挡、Ⅱ挡和Ⅲ挡进行作业,以适应不同地层的需要。

65. 地锚车作业前应做哪些准备工作?

(1)行驶前须将导向支架收放在前支架上,使锤头位于适当的位置(在前支架附近),支脚收起,其余按汽车行驶前准备工作要求做好准备。

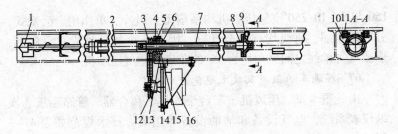

图 4-30　钻进系统结构示意图

1—钻头；2—钢管；3—小链轮；4—轴承座；5—调心滚子轴承；6—挡圈；
7—六方钻杆；8、9—连接法兰；10—支架；11—滚轮；12—大链轮；
13—调整垫片；14—马达支架；15—轴承盖；16—钻井马达

（2）检查场地，如支腿下放不平时，需用木块垫平。木块尺寸不得小于 400mm×400mm×80mm，当地面松软时垫木尺寸须酌情加大。

（3）拉紧手刹车，将变速杆放在空挡，启动发动机，然后接合取力器（接低速挡，并控制油门，使齿轮泵转速达到 1500r/min 左右）。

（4）检查箱内油液是否充足。

（5）使油泵运转，待空转 2min 后方可进行工作。

（6）压力表压力达到调定压力。

第五节　压风车

66. 压风车的作用是什么？

压风车是一种移动式供气车辆，在井下作业中配合气举排液、管道试压、解堵和混气冲砂等施工的专用设备。现场应用是在载重汽车上安装一台压风机，外面用帆布或铁皮做护罩，以适应野外施工的需要。

压风车用压风机是往复式压缩机。例如 W-10/60 空气压缩机系 W 型、风冷、单作用活塞式，它是采用 S-10/250 空气压缩机的前三级压缩来达到最大排气压力的，因此六个气缸排成双重 W 形，形成气缸轴线之间夹角均为 60°的角度式压缩机。S-10/

150 与 S-10/250 空气压缩机均系扇型、风冷、单作用、活塞式、分四级压缩，每级均有两个气缸，因此八个气缸排成双重扇形，形成气缸轴线之间夹角均为 45°的角度式空气压缩机。

67. 压风车的组成及技术规范是什么？

由载重卡车、压风机、车台柴油机、离合器、管路系统、操纵仪表系统、电气设备和辅助设备等组成。技术规范如表 4-3 所示。

表 4-3　压风车技术规范

	型号	W-5/40	S-10/150	S-10/250
柴油机	型号	6135T	DV12V	DV12V
	功率/kW	—	294.2	294.2
	转速/(r/min)	—	1600	1600
	质量/kg	1350	1500	1500
压缩机	轴功率/kW	51.6	139.2	139.2
	气缸直径/mm　1级	—	260	300
	2级	—	150	215
	3级	—	80	125
	4级	—	42	78
	曲柄转速/(r/min)	1200	1300	1300
	排气量/(m³/min)	5	10	10
	冲程/mm	110	100	100
	排气压力/MPa	4	15	25
	冷却方式	风冷	风冷	—
	润滑方式		飞溅	
配套运载设备		解放 CA-30	尤尼克 27-64	太托拉 T815

68. 单级往复式压缩机的工作过程是什么？

往复式压缩机是用改变气体容积的方法来提高气体压力的设备。活塞在气缸内作往复运动，使活塞上部的气体被压缩而容积减小，以提高气体压力并通过排气阀将高压气体送入储气筒。由于在压气过程中的主要工作部件是活塞，因此往复式压缩机也称为活塞式压缩机，如图 4-31 所示。

单级活塞式压缩机的工作过程是：曲轴 5 由原动机驱动经皮带轮 9 带动旋转，通过连杆 4 带动活塞 2 在气缸内作往复运动。当活塞向下运动时，排气阀关闭，外界气体经空气滤清器 10 和进气阀 6 被吸入气缸，活塞到达下死点时进气过程结束。当活塞由下死点向上运动时进气阀关闭，排气阀也关闭，气缸内的气体被压缩，直到压力升高到超过排气阀弹簧压力时，排气阀才被推开，压缩气体进入储气筒，此时即为排气过程。当活塞到达上死点时排气过程结束，继而又重复进气过程。如此循环，使压缩气体不断进入储气筒。

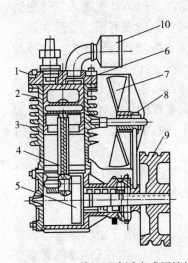

图 4-31　单级风冷活塞式压缩机
1—排气阀；2—活塞；3—散热片；
4—连杆；5—曲轴；6—进气阀；
7—风扇；8—圆皮带；9—皮带轮；
10—气体滤清器

69. 多级往复式压缩机的工作原理是什么？

为了制取较高压力的压缩气，常采用多级压缩的方法。多级压缩有利于降低排气温度，节省功率、降低气体对活塞的作用力，提高容积效率。

多级压缩机的工作原理是把气体的压缩过程分为两个或两个以上的阶段，在几个气缸里依次进行压缩，使压力逐渐上升。当气体在第一级气缸里被压缩到一定压力后，就送入一个专设的级间冷却器，把热量充分地传给冷却水，然后再送入第二级气缸里

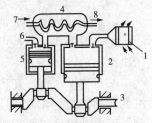

图 4-32　两级压缩机简图
1—空气滤清器；2—低压气缸；
3—曲轴；4—冷却器；5—高压气缸；
6—高压空气出口；7—冷却水入口；
8—冷却水出口

227

继续压缩。图4-32为两级压缩机简图,气体首先进入气体滤清器1滤掉尘土,避免尘土粘在气缸内壁上造成磨损。然后在低压气缸2里压缩,压力由进气压力升高到冷却器内的压力。在冷却器4中被冷却后,气体温度恢复到最初的进气温度,容积减小,接着进入高压气缸5继续被压缩到最后所需的压力,这样低压气缸和高压气缸是在不同的压力范围内工作的,气体的容积相差很大,所以它们的尺寸也不一样,高压气缸的直径总要比低压气缸小些。

70. 活塞式压缩机的总体结构如何?

活塞式压缩机的结构形式主要由两方面来区分:

(1)按气缸在空间的位置可分为立式、卧式、角式三大类。

立式压缩机的气缸是垂直布置的。主要用于中小排量与级数不太多的机型,如图4-33(a)所示。某些小型立式压缩机通常是无十字头的。

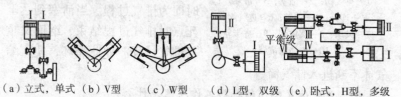

(a)立式,单式　(b)V型　　(c)W型　　(d)L型,双级　(e)卧式,H型,多级

图4-33　活塞式压缩机不同结构机型式简图

卧式压缩机的气缸是水平布置的。主要有:

①一般卧式,其特点是气缸都在曲轴的一侧,多用于小型高压机型。

②对称平衡型,其特点是气缸分布在曲轴两侧,相对两列气缸的曲拐错角为180°。其中,电动机位于机身一侧者,称为M型,而电动机位于两列机身之间者,称为H型,对称平衡型适用于大型压缩机。

角式压缩机的特点是在同一曲拐上装有几个连杆,与每个连杆相应的气缸中心线间具有一定的夹角。它包括:(1)V型如图4-33(b)所示;(2)W型如图4-33(c)所示;(3)L型如图4-

33(d)所示等。

(2)按传动机构的特点可分为有十字头的与无十字头的两种。

活塞式压缩机的总体结构还可按冷却方式的不同分为风冷式和水冷式;按安装方式的不同分为固定式和移动式等。

71. 活塞式压缩机主要有哪些零部件？曲轴的结构特点是什么？

活塞式压缩机主要由传动机构和气缸组件组成。传动机构主要是指运动部件，包括原动机(电动机或柴油机、汽油机)、曲轴、连杆、活塞等。气缸组件主要包括缸体、气缸、气缸盖、进气阀、排气阀等。

曲轴的结构及特点是：

压缩机的曲轴与内燃机曲轴的结构相似，曲轴是压气机的重要工作部件之一，它负担传递全部驱动扭矩，其受力状态很复杂。因此要求曲轴具有足够的强度和刚度，并具有很好的耐磨性和足够的抗疲劳强度。图 4-34 为锻造曲轴的简图。

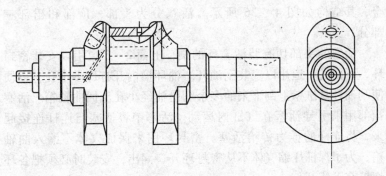

图 4-34 锻造曲轴简图

为了使曲轴在运转过程中得到良好的润滑，在轴颈上开有油孔，为了使飞溅的润滑油顺利地进入轴颈，油孔设在轴颈载荷较小的区域。

为了防止曲轴在运转过程中的轴向窜动，必须对轴进行轴向定位。考虑到曲轴在运转时的热膨胀，定位处一般留有 0.1~0.2mm 的热间隙。

72. 活塞式压缩机连杆的结构特点是什么？

连杆的作用是将曲轴的旋转运动转换为活塞的往复运动，同时将作用在活塞上的推力传给曲轴。

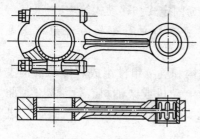

图 4-35 连杆结构

连杆的构造如图 4-35 所示，连杆由连杆体、小头和大头三部分组成。为了提高抗压强度和稳定性，连杆体制成"工"字形断面，因为当断面面积相同时，"工"字形断面抗弯强度和稳定性都最高。连杆小头一般制成整体式、大头采用对开式，以便于装卸，连杆瓦和连杆大头用连杆螺栓连接，并设防松装置，内衬为连杆瓦。

73. 活塞、活塞环和机体的结构特点是什么？

活塞在气缸内作往复直线运动。活塞的材料一般为铸造铝合金，其结构如图 4-36 所示。活塞分为头部、顶部和裙部三部分。

活塞的头部切有装活塞环的槽，上面 2~3 道用以安装密封环，下面的一道用以安装刮油环。油环槽内开有许多小孔，以便使刮油环从缸壁上刮下来的多余润滑油经小孔流回曲轴箱。活塞裙部用来引导活塞在气缸内运动。活塞销将活塞与连杆连接起来，将连杆的推力传给活塞。密封环用来保证气体不漏入曲轴箱，为了保证压缩气体不从密封环开口漏出，安装时必须把各环切口交叉错开。

机体又称为机身或曲轴箱，是安装曲轴、缸体等部件的基础零件。同时，机体承受各种作用力和惯性力。根据压缩机气缸的布置形式，机体可分为立式、卧式、对置式等多种形式。机体一般用灰铸铁制造。

74. 活塞式压缩机缸体和缸盖的结构特点是什么？

气缸是活塞式压缩机形成压缩容积的主要部件，包括缸体和

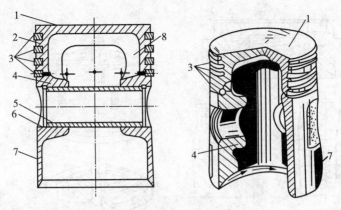

图 4-36 活塞结构剖视图
1—活塞顶；2—活塞头；3—活塞环(环槽)；4—活塞销座；
5—活塞销；6—活塞销卡环；7—活塞裙部；8—加强筋

缸盖。气缸的基本结构形式分为风冷式和水冷式两种。风冷式气缸在缸体和缸盖上均铸有散热片，如图4-31所示。风冷式压气机工作时温度较高，且温度随排气压力的升高而升高，因此适用于小型压缩机；水冷式压缩机在气缸内铸有冷却水套，冷却效果好，适用于大中型压缩机。

缸盖是封闭缸体端面的零件，也是安装进排气阀的基础零件。缸体和缸盖用螺栓紧固。

75. 进、排气阀的结构特点是什么？

进气阀和排气阀是控制气缸的吸气和排气过程的部件。目前压缩机一般采用随管路压力变化而自行开闭的自动阀，其结构如图4-37所示。

按阀片形式分，气阀可分为环形阀、槽形阀和杯形阀等。气阀一般由阀座、阀片、弹簧、升程限制器、垫片等零件组成。其中应用最广泛的环形阀如图4-38所示，阀座和升程限制器靠中心凸台压紧，其间装有调整垫片。阀片对升程限制器撞击力由螺栓承受，阀片的升程由垫片或阀座的凸台高度控制。通过压筒将阀座压紧在缸盖上。

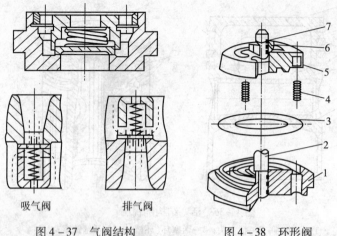

图4-37 气阀结构

图4-38 环形阀
1—阀座;2—连接螺栓;3—阀片;4—弹簧;
5—升程限制器;6—螺母;7—开口销

76. 压缩机的润滑如何?

压缩机的相对运动部位(例如活塞环与缸体、轴颈与轴瓦、阀体与阀片)之间都需要用润滑油进行润滑。其主要作用是减小摩擦阻力和零件的磨损;散出摩擦热,降低零件的工作温度,保证滑动部件的间隙;提高密封性;防止锈蚀。

压缩机常用的润滑方式有飞溅润滑和压力润滑两种。飞溅润滑用于小型压缩机,它靠装在连杆下端的甩油环或甩油杆将机体内的润滑油甩到气缸和运动机构的各个部位进行润滑。压力润滑适用于大中型压缩机,用一个专用的机油泵将润滑油输送到每个润滑部件。显然,压力润滑的效果要优于飞溅润滑。

77. 油气分离器的作用是什么?分离方法有哪几类?

油气分离器的作用是为了减少或消除压缩空气中的油及冷凝的水分,提高压缩空气清洁程度。其工作原理是气流在分离器中通过时,利用气流方向的改变和速度变化时的惯性,使密度相差很大的液体与气体互相分离。油气分离器一般装在空压机各级中间冷却器之后。若要求排出的压缩空气不含油或含油量极少时,则在空压机末级之后再装置一油气分离器。油气分离器除了能把油水从压缩空气中分离出来之外，还可以起到缓冲器的作用，即可以减小吸、排气管路内的气流波动。

78. 油气分离器按结构形式可分哪几种？每种工作原理是什么？

油气分离器按结构形式分有：气流折转式、垂直隔板式、离心式三种。图4-39(a)是气流折转式油气分离器结构形式示意图。气流沿进气管进入分离器后，气流方向作180°折转，同时气流速度也急剧下降，压缩空气由于密度小惯性力也小，很容易改变方向向上运动，经出气管排出。而密度较大的油和水的颗粒靠惯性力落到分离器的底部。气体在分离器内向上运动的速度越低，分离效果越好。

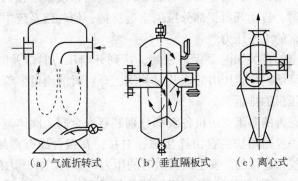

(a) 气流折转式　　(b) 垂直隔板式　　(c) 离心式

图4-39　油气分离器

图4-39(b)为垂直隔板式分离器，它综合了气流折转分离和气体撞击壁面分离的方法。气流进入分离器后，首先撞击垂直板，使混在压缩空气中的液滴贴附在壁面上，并沿垂直壁面降落聚积在分离器的底部，气流撞击隔板后经过二次折转从出气口排出，使剩余的液滴进一步分离出来，也流到分离器的底部，积存的液体应定期从排污阀放出。

图4-39(c)为离心式分离器，气流从分离器上部的进气管道沿切线方向流入分离器，气流作高速旋转运动；悬浮在气流中的液滴在离心力的作用下被甩到周围的壁面上，并沿壁面下落积聚

到底部，气体经中心管向上运动从排气口排出。

79. 压风车所用油水分离器结构形式是怎样的？

水滴和经过高热后已失效的油滴如不及时分离，将会影响气阀的工作，缩短其寿命，同时又破坏了气缸壁的润滑。因此在一、二级冷却器后均装有油水分离器。

一、二级油水分离器均为离心式的油水分离器。气体切向进入，并作螺旋运动，在离心力的作用下，水滴及油滴便附着在油水分离器壁上。为使分离作用加强，一级油水分离器内还配置有二道导风板，使气流的旋转持续不断，为了及时吹除积聚的油水，在分离器底部均装有闸阀。

80. 空气机为什么要设置安全阀？怎样安装和使用？

安全阀是一种安全保护性装置，当气路系统中心压力超过工作压力时，自动开启把部分压缩空气排掉，使气路系统中的压力降到正常的工作压力。

安全阀在关闭时要保证密封，达到开启压力时应及时开启，当压力降低到规定压力时能及时关闭，开启时的流量要等于或稍大于空压机的排量。

较完善的多级空压机各级都分别装有安全阀，阀体与储气罐的连接一般是用法兰盘由连接螺栓对接。在接合面有密封胶圈，亦有用丝扣连接的。安全阀排放时的压力一般为工作压力的1.13倍，可通过调整螺钉调整，螺钉调整好后要打铅封。为了便于对安全阀进行检查，常在安全阀上装有控制扳手，扳动扳手，弹簧被压缩，阀门即可在低于排放压力时开启。

81. 空压机常用的安全阀有哪种型式？其工作原理是怎样的？

空压机使用的安全阀有弹簧式和重锤式两种，不同点是作用在阀门上的压力是靠弹簧的压力或是靠重锤的重力。由于弹簧式安全阀结构紧凑，安装位置不受限制，所以，其使用最广泛。

图4-40为弹簧式安全阀。压缩弹簧可将阀门4压紧在阀座6上，其压力大小可通过调整螺钉2来调整，容器中压缩空气的压力作用在阀门4的下方。当作用在阀门上的压力小于弹簧弹力时，其

压力差即为阀门与阀座的密封压力。随着容器中压缩空气压力的增加,密封压力逐渐减小至零。当压缩空气压力大于弹簧压力时,阀门便被压缩空气顶起,随着压缩空气的逸出,气体的压力逐渐下降,当压力小于弹簧压力时,阀门迅速关闭。

82. 压风车常用安全阀结构型式是怎样的?

安全阀的作用是把各级排气压力限制在规定范围内,压风车各级排气管路或油水分离器上均装有安全阀。

一、二级安全阀的结构完全相同,由阀体、阀芯、芯杆、弹簧、阀盖锁紧螺母、调整螺钉组成。四级安全阀由阀体、阀、阀室、限位螺母、阀盖、阀帽、弹簧、阀杆、锁紧螺母、调整螺钉等组成。各级安全阀的调节均为旋转调整螺钉,使弹簧伸长或压缩,就可调节安全阀的开启压力。

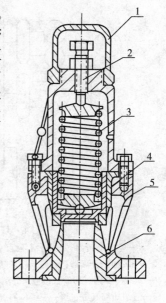

图4-40 安全阀
1—防尘帽;2—调整螺钉;
3—弹簧;4—阀门;
5—阀体;6—阀座

83. W-10/60 和 S-10/150 及 S-10/250 型空压机空气流程是怎样的?

三种空压机空气流程如图4-41所示。

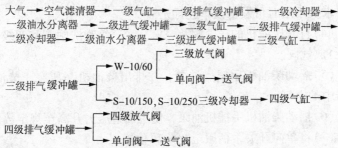

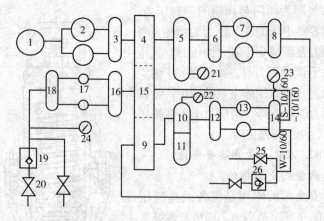

图 4-41 空气压缩机流程

1—空气滤清器；2——级压缩气缸；3——级排气缓冲罐；4——级冷却器；
5——级油水分离器；6—二级进气缓冲罐；7—二级压缩气缸；8—二级排气缓冲罐；
9—二级冷却器；10—二级油水分离器；11—离合器储气罐；12—三级进气缓冲罐；
13—三级压缩气缸；14—三级排气缓冲罐；15—三级冷却器；16—四级进气缓冲罐；
17—四级压缩气缸；18—四级排起缓冲罐；19—单向气阀；20—送气阀；
21——级压力表；22—二级压力表；23—三级压力表；24—四级压力表；
25—送气阀；26—单向阀

84. 怎样启动空压机？

以 S-10/150 为例，空压机启动时应按如下程序操作：

（1）检查各连接部位的紧固性及各传动皮带的松紧度。

（2）检查压缩机润滑油、柴油机燃油、润滑油及冷却水的储量和温度的情况。

（3）检查启动线路和电瓶电压，气胎离合器储气瓶压力应符合要求，不足时可发动汽车进行充气。

（4）打开压缩机的送气阀及一、二、三级吹洗闸阀和四级（或三级）放气阀。

（5）摇动柴油机手摇燃油泵，并排出柴油机高压泵，柴油滤清器中的空气。

（6）摇动柴油机手摇机油泵，使主油道压力升高至规定数值。

（7）将单向开关手柄搬至"分离"位置。

(8) 将压缩机和柴油机分别转动数圈。

(9) 踏下电流总开关,将电钥匙插入向右转90°,这样就将启动线路接通。

(10) 按下启动按钮 2~3s,使柴油机启动后即松开;此时应注意柴油机和压缩机油压是否正常。

(11) 通过转速升、转速降两个按钮调整柴油机到最低稳定转速 500~600r/min,并按规定对柴油机进行预热。

(12) 待柴油机加温至规定温度以后,将转速调至 800~900r/min,再把单向开关手柄搬至"接合"位置,使压缩机接合运转。压缩机启动后,应将电钥匙向左转180°,使自动报警的线路接通。压缩机运转正常后,再逐渐使转速升至1300r/min。

(13) 顺次关闭一、二、三级吹洗闸阀及四级(或三级)放气阀,并调节供气管道上的送气阀,使压缩机按工艺要求进行输气。

85. 空压机工作时应注意哪些事项?

为确保压缩机组正常的运转,必须细致地查看各仪表数值,掌握变化情况,对于发生的故障应认真分析。确实弄清原因,采取正确方法彻底排除。

(1) 检查润滑系统、冷却系统、压缩空气流程及燃料供给系统等的密封情况,不得有渗、漏、泄现象。

(2) 仪表板上各仪表的指示值应控制在规定范围内。当压缩机组的运转已趋于稳定后,则各仪表的指示值只允许有微量的波动。若仪表指示值突然发生变化,但仍在规定范围内,也必须查明原因,仔细分析,采取正确措施,排除故障。

(3) 压缩机的各级压力范围是表示所有此型式各台压缩机的各级压力值均应在此范围内。但对某一台压缩机,各级压力应为一个不变的数值。(更换气阀、气缸连杆等零件后,可能稍有变化)。若使用时各级压力值与以前不同,则表示压缩机有故障。

(4) 油水分离器每隔1h放污一次,冷却器每隔2h放污一次。

(5) 机组在正常运转中,一般不允许紧急停车,确需紧急停车时,可立即按下转速降按钮,并同时将单向开关手柄搬至分离位置，使两机立即停车。

86. 压风车停车应怎样操作？

以 S-10/150 为例，压风车停车时应按以下几点操作：

（1）将柴油机转速逐渐降至 800~900r/min 后，分别打开末级放气阀及吹洗闸阀，吹净油水分离器及冷却器中的污水；

（2）将单向开关手柄搬至"分离"位置；

（3）将柴油机转速逐渐降到 600~800r/min，使之空运转，直至柴油机排水温度达规定值（夏季为 55~70℃，冬季为 70~75℃）后，才允许停车；

（4）长期停车时，应将柴油机内的水、油及压缩机气路系统中的冷凝水等全部放尽，并对压缩机、柴油机按规定进行油封。

87. 空压机定期维护的内容有哪些？

工作班完成后的维护：

（1）检查压缩机润滑油、柴油机燃油、润滑油及冷却水有无渗漏现象；

（2）检查各连接部位的紧固性及传动皮带的松紧度；

（3）做好擦洗清洁工作。

每经 100 工作小时后的维护：

（1）完成工作班完成后的维护内容；

（2）清除空气滤清器里集尘杯中的灰尘，并加注新压缩机油；

（3）清洗压缩机机油滤清器，如发现损坏，则应更换；

（4）给风扇轴承、进气接头加注 4 号钙基润滑脂。

每经 200 工作小时后的维护：

（1）完成 100 工作小时后的维护内容；

（2）取出空气滤清器中的滤芯，轻轻敲动，并用压缩空气从内向外吹的方法进行清洗；

（3）更换空气压缩机的润滑油，并清洗油底壳及吸油器（新机器在累计运转 50~100 小时或达到随机使用说明书规定时数后需更换一次润滑油）。

每经 500 工作小时后的维护：

（1）完成经 200 工作小时后的维护内容；

（2）取下各级气阀并清洗；检查阀片及弹簧的磨损情况，必要时进行更换；

（3）清除气缸及活塞顶部和活塞环槽内的垢污，用汽油或煤油清洗，并用压缩空气吹净；

（4）检查活塞环、刮油环的磨损情况，必要时进行更换；

（5）检查连杆螺母的紧固情况；

（6）压缩机冷却器及油冷却器的冷却管表面，用汽油或煤油进行刷洗，并用压缩空气吹净；

（7）检查末级安全阀的灵敏性。

88. 空压机进行日常保养时一般应注意哪些问题？

（1）禁止用汽油或煤油清洗空压机的滤清器、气缸和其他压缩空气管路的零件，以防爆炸。不得用燃烧方法清除管道油污。

（2）用柴油或机油清洗机件时，严禁烟火。用过的废油、破布、棉纱要妥善处理，不得乱扔和乱泼。

（3）用压缩空气吹洗零件时，严禁将风口对准人体或其他设备。

（4）对各运转部件进行清洗和紧固等保养工作，必须在停机后进行。

（5）润滑油和燃油必须注意清洁。添加润滑油的油口要擦净。加油口装有滤网时，不得取下滤网加油。

（6）应根据气温变化情况，选用合适的润滑油和燃油。

（7）燃油箱应在每日作业终了后加满。

（8）放泄润滑油应在作业终了，油温尚未冷却以前进行。

（9）冷却水必须用清洁的软水，放泄冷却水必须待水温降到 60℃ 以下后进行。

参考文献

[1] 李子俊主编. 采油机械[M]. 北京：石油工业出版社，2006.
[2] 李继志，陈荣振主编. 石油钻采机械概论[M]. 东营：中国石油大学出版社，2006.
[3] 崔凯华，苗崇良主编. 井下作业设备[M]. 北京：石油工业出版社，2007.
[4] 王新纯主编. 油田机械修理[M]. 北京：石油工业出版社，2005.
[5] 吉效科编著. 油田设备技术与管理[M]. 北京：中国石化出版社，2009.
[6] 中国石油天然气集团公司人事服务中心编. 特车泵工[M]. 北京：石油工业出版社，2004.
[7] 中国石油天然气集团公司人事服务中心编. 特车泵工修理工[M]. 北京：石油工业出版社，2004.
[8] 黄妙华，杨慧萍编著. 自动变速器维修宝典[M]. 武汉：湖北科学技术出版社，2003.
[9] 戴相富等著. ZYT5160TDM型地锚车的研制[M]. 北京：石油机械杂志社，2009.